D. N. R. Perera
K. G. C. Harsan
R. M. A. M Rajapaksha

Máquina de seleção de cocos

D. N. R. Perera
K. G. C. Harsan
R. M. A. M Rajapaksha

Máquina de seleção de cocos

Conceção e fabrico

ScienciaScripts

Imprint

Any brand names and product names mentioned in this book are subject to trademark, brand or patent protection and are trademarks or registered trademarks of their respective holders. The use of brand names, product names, common names, trade names, product descriptions etc. even without a particular marking in this work is in no way to be construed to mean that such names may be regarded as unrestricted in respect of trademark and brand protection legislation and could thus be used by anyone.

Cover image: www.ingimage.com

This book is a translation from the original published under ISBN 978-620-6-78922-2.

Publisher:
Sciencia Scripts
is a trademark of
Dodo Books Indian Ocean Ltd. and OmniScriptum S.R.L publishing group

120 High Road, East Finchley, London, N2 9ED, United Kingdom
Str. Armeneasca 28/1, office 1, Chisinau MD-2012, Republic of Moldova, Europe
Printed at: see last page
ISBN: 978-620-7-97341-5

Conteúdo

RECONHECIMENTO

Gostaríamos de manifestar a nossa gratidão aos supervisores, Dr. D. H. R. J. Wimalasiri, professor catedrático da Universidade Aberta do Sri Lanka (OUSL) e Sra. P. P. S. S. Pussepitiya, professora catedrática da Universidade de Defesa General Sir John Kotelawala e reconhecer o apoio e a orientação constantes que nos deram para manter o nosso progresso ao longo do projeto.

Gostaríamos também de estender a nossa gratidão ao Capitão D. S. Bogahawatta, Chefe de Departamento, Departamento de Engenharia Mecânica, pela orientação e motivação dadas para prosseguir com êxito o projeto.

Agradecemos também de forma especial aos nossos professores seniores, professores e instrutores por nos terem orientado ao longo dos 4 anos dos nossos estudos de pós-graduação e nos terem preparado para concluir com êxito o projeto.

Agradecemos também aos técnicos da oficina de engenharia naval pelo apoio técnico no fabrico e nos ensaios.

Por último, gostaríamos de agradecer muito sinceramente à nossa família e aos nossos amigos por dedicarem o seu tempo a apoiar-nos sempre que necessário.

RESUMO

O Sri Lanka é um dos países líderes na produção de coco e detém uma parte significativa do mercado mundial de produtos de coco. No entanto, o processo de seleção dos cocos não é preciso no mercado do Sri Lanka. Este projeto visa a conceção e o fabrico de uma máquina de triagem eficaz para cocos descascados. A máquina foi concebida para selecionar os cocos descascados em três categorias, de acordo com o seu tamanho. Utiliza a tecnologia do transportador de rolos, sendo utilizados sete rolos principais no projeto, que são acionados por um motor monofásico de 400 W. A distância de centro a centro entre os eixos rotativos é a caraterística principal do mecanismo de seleção, que foi decidida após a recolha adequada de dados junto das organizações relacionadas, autoridades, empregadores no terreno e clientes. Os cálculos do projeto de engenharia são efectuados para selecionar os componentes mais adequados com as melhores dimensões para reduzir os custos e aumentar a eficiência. Os componentes projectados são testados e os resultados da análise de elementos finitos são examinados para garantir a segurança das condições de trabalho da máquina. A tecnologia Arduino é utilizada para contar os cocos selecionados nas três categorias. A maquinaria melhorou a qualidade de vida e facilitou o fluxo regular de negócios em grande escala, aumentando os benefícios económicos através da eficiência, precisão, gestão do tempo e eficácia de custos. Os esforços necessários para atingir os resultados podem ser reduzidos de forma eficaz e económica através da implementação de melhores concepções.

Palavras-chave - Máquina de seleção, Côco, Transportador, Conceção

CAPÍTULO 01

INTRODUÇÃO

1.1. Visão geral

O sector do coco é uma das principais fontes de exportação do Sri Lanka. O Sri Lanka é o quinto maior produtor de cocos do mundo. De acordo com o relatório sobre a capacidade industrial, janeiro de 2022, do Conselho de Desenvolvimento das Exportações do Sri Lanka, 1 095 982 hectares são cultivados com coco e 178 675 hectares são cultivados em explorações agrícolas. 917.307 hectares são ocupados por pequenas explorações. A área total de 34 063 hectares utilizada para a cultura do coco. Por conseguinte, a cultura do coco no Sri Lanka representa mais de 12% da atividade agrícola da ilha. A produção anual de cocos no Sri Lanka está estimada em cerca de 3,0 a 3,2 biliões de nozes por ano. Quase dois terços da produção de cocos no nosso país são consumidos pelo próprio e o restante um terço é utilizado para produções à base de cocos e é exportado para vários destinos.

De acordo com a atualização de 2021 da indústria do coco da Ceylon Exports and Trading (PVT) Ltd, o rendimento das exportações da indústria do coco em 2021 foi de 836,1 milhões de dólares, o que representa um aumento de 25,80 % em comparação com o ano de 2020.

Figura 1.1: **Desempenho das exportações do sector do coco** [II]

A autoridade de desenvolvimento do coco do Sri Lanka é a organização responsável pela gestão da indústria do coco e a autoridade está sob a tutela do Ministério das indústrias de plantação. O Instituto de Investigação do Coco do Sri Lanka é o instituto que está a tomar as medidas necessárias para alcançar um desenvolvimento ótimo da indústria do coco com as novas tecnologias. O instituto está localizado em Bandirippuwa Estate, Lunuwila, Província do Noroeste. Todas as actividades de investigação no instituto passam por três divisões técnicas especializadas, nomeadamente, Genética, Química e Química do Solo.

Os três principais distritos do triângulo dos cocos são Kurunegala, Puttalam e Colombo. A área abrangida é de cerca de 66% do total das explorações de coqueiros do país. Existem mini-triângulos de coqueiros localizados do sul de Kalutara a Tangalle e na província do Norte - distritos de Jaffna, Mannar e Mulative.

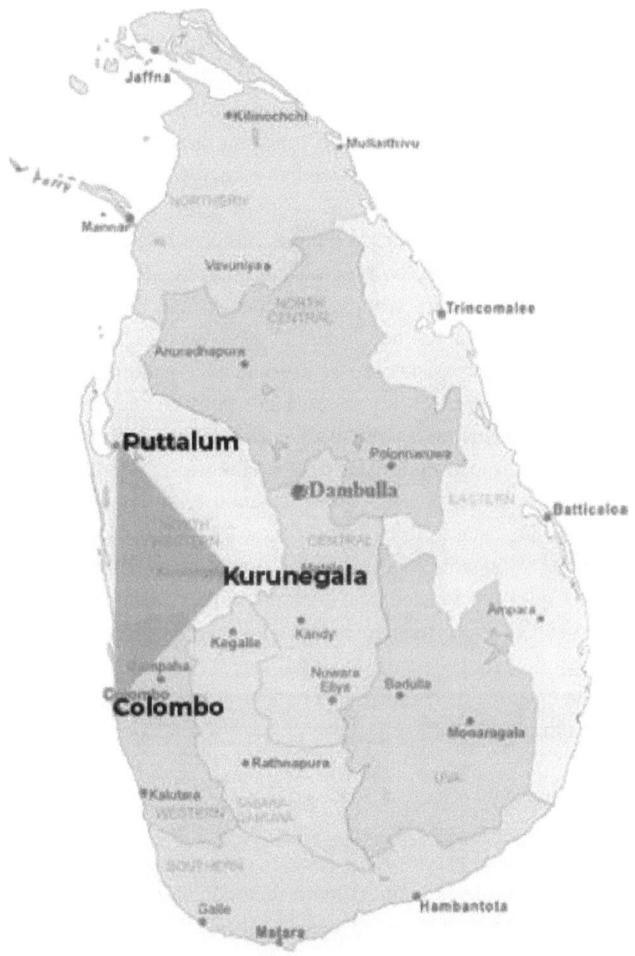

Figura 1.2: **Principais Distritos de Cultivo de Coco**

A polpa interna da semente madura, bem como o leite de coco que dela se extrai, constituem uma parte regular da dieta de muitas pessoas nas regiões tropicais e subtropicais. A polpa do coco é rica em gordura e pode ser seca ou consumida fresca ou transformada em leite de coco ou óleo de coco. O líquido da noz, conhecido como água de coco, é utilizado em bebidas. Para muitas pessoas, o coqueiro é uma fonte de subsistência. O coco com ou sem casca, o óleo de coco, o coco desidratado, o leite de coco, o vinagre e a água de coco podem ser identificados como os principais produtos no mercado mundial. Os seguintes produtos podem ser identificados no mercado mundial.

É muito importante submeter-se a um processo de classificação e triagem adequado, principalmente para o processo de exportação e para o mercado local. No mercado local, o coco é um dos principais tipos de negócio e existe um grande processo no qual o coco chega ao mercado a partir de propriedades de cultivo. O cultivo pode ser classificado em pequena escala, média escala e grande escala. Os cultivos de pequena escala são principalmente utilizados para o consumo diário doméstico. Por vezes, os proprietários de terras de pequena escala vendem o coco diretamente ao mercado. Mas nas culturas de média e grande escala, os cocos são comprados pelos compradores intermédios e revendidos a vendedores inteiros. Os vendedores inteiros destinam o coco ao processo de exportação, bem como aos mercados de venda a retalho. Em geral, os compradores intermédios compram os cocos com a casca. Tal deve-se a uma retenção mais longa e a um truque comercial para maximizar os seus lucros. Os vendedores a retalho e os grossistas são as pessoas que vendem os cocos sem casca. No Sri Lanka, os manipuladores de culturas pós-colheita, como os colectores, os vendedores inteiros, os vendedores a retalho e os cultivadores, não utilizam técnicas de qualidade ou de normalização para classificar e classificar. Normalmente, os preços dos cocos são fixados de acordo com o seu tamanho e, de tempos a tempos, foram publicadas restrições impostas pelo Governo à fixação dos preços dos cocos de acordo com o seu tamanho. No entanto, não existe um método normalizado de classificação dos cocos, pelo que os vendedores tomam muitas decisões arbitrárias. Em consequência, os clientes enfrentam inconvenientes. É uma exigência nacional estabelecer um método para o sistema de classificação dos cocos e, por conseguinte, a introdução de uma máquina de classificação para classificar os cocos de acordo com o tamanho será importante.

1.2. Objetivo

- Conceber uma máquina de seleção de cocos e fabricar o modelo.

1.3. Objectivos

* Conceber uma máquina de seleção de cocos.
* Conceber o modelo utilizando um software de modelação 3D adequado.
* Fabricar o modelo da máquina de seleção de cocos.

CAPÍTULO 02

REVISÃO DA LITERATURA

A indústria agrícola é um dos principais sectores do Sri Lanka e o cultivo do coco ocupa um lugar importante entre as outras indústrias. Os distritos de Puttalam, Gampaha e Kurunegala possuem terras de cultivo de cocos em grande escala e, de acordo com o Conselho de Desenvolvimento das Exportações (EDB), o Sri Lanka tem entre 2500 e 3000 milhões de cocos colhidos por ano. O Governo do Sri Lanka já tentou introduzir algumas normas para a fixação de preços justos dos cocos no mercado, mas as acções não puderam ser completamente implementadas. Verifica-se que o preço do coco depende principalmente do tamanho da noz. Tanto os compradores como os vendedores enfrentam inconvenientes devido à falta de conhecimentos sobre a forma de fixar um preço. A classificação de acordo com a uniformidade do tamanho aumenta a eficiência da fixação de preços, atraindo simultaneamente os consumidores e melhorando a qualidade do processo de produção das indústrias à base de coco. Um sistema de anéis foi introduzido anteriormente, mas a eficiência da utilização deste sistema numa exploração de cocos em grande escala é muito baixa, uma vez que só pode ser testado um único coco de cada vez. A utilização de um sistema mecânico eficiente e económico que empregue tecnologia avançada é benéfica para as indústrias de grande escala na classificação pós-colheita de cocos descascados de acordo com o seu tamanho. Por conseguinte, é importante chamar a atenção para o desenvolvimento de um sistema mecânico de seleção e classificação dos cocos, uma vez que o país demonstrou a necessidade de um mecanismo tão eficaz e eficiente.

D.M.C.C Gunathilake, W. M. C. B Wasala, K. B. Palipane, em 2015, realizaram um projeto de conceção e desenvolvimento de uma máquina de classificação de cebolas. O projeto da máquina de calibragem que utilizaram é apresentado na figura 2.1. A calibragem de acordo com o tamanho é uma técnica de valor acrescentado para quase todos os produtos agrícolas. No seu trabalho, foi utilizado o cilindro de calibragem em PVC para obter resultados com o mínimo de danos para as cebolas. O grupo de investigação utilizou o software Design Expert Versão 7 para otimizar o design. (Gunathilake, *et al.*, 2015). Verificou-se que a eficiência da calibragem diminui com o aumento da velocidade de rotação da máquina.

Para além das indústrias de grande escala, visaram também os manipuladores de culturas pós-colheita, incluindo os colectores, os vendedores a retalho e os agricultores, pelo que não conceberam uma técnica de classificação altamente técnica e dispendiosa.

O projeto de V. K. Behere, S. J. Maniyar, S. G. Mohale e P. Balkrishna consistia também em conceber e fabricar uma máquina para classificar as cebolas de acordo com o tamanho. O principal objetivo do projeto era reduzir o esforço humano e o consumo de tempo na classificação das cebolas, obtendo assim resultados precisos. Neste caso, foram utilizados um transportador e um tabuleiro de classificação, sendo que o transportador funciona com rolos acionados por um motor elétrico. (Behere, *et al.*, 2019).

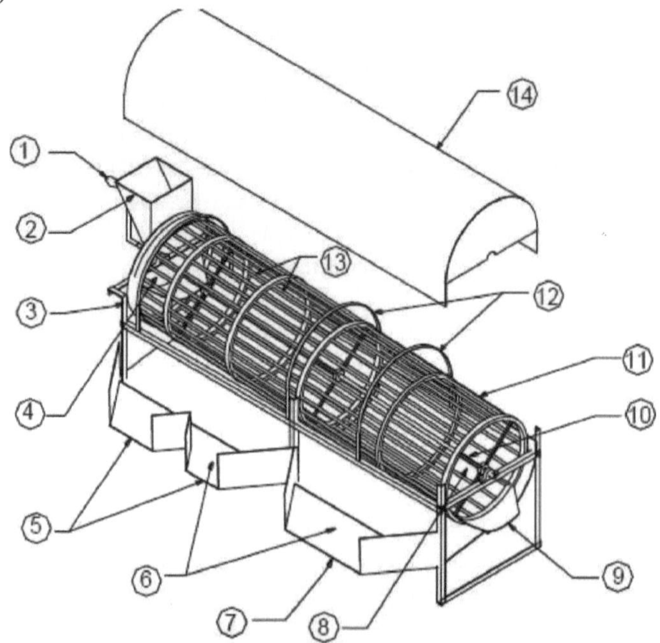

Figura 2.1: **Máquina de classificação de cebolas (Behere, et al., 2019)**

Uma máquina automatizada de seleção de ovos de linha única foi concebida por P. Q. Erwin, C.
S. Delfin, e M. B. Pepito em 2018, com materiais disponíveis localmente para reduzir o custo de produção. A triagem foi feita de acordo com o peso dos ovos (7 classes de peso). Uma câmara, um computador equipado com uma fonte de fixação de quadros e uma fonte de luz foram utilizados como os principais componentes da configuração de visão. A máquina era composta por uma unidade de alimentação, uma unidade de computação e uma unidade de seleção. O conjunto estava ligado a um eixo que acciona o tapete para mover as amostras. Foram utilizados veios metálicos fixados na estrutura do transportador para suportar o tapete. Estes funcionam como rolos sobre os quais o tapete desliza. O braço de seleção foi construído em chapa de alumínio com nervuras para maior durabilidade e leveza e foi instalado na extremidade do tapete transportador após a câmara de visão. Um servomotor de corrente contínua permite que o braço de seleção seja posicionado em diferentes ângulos com precisão. Os resultados e a avaliação do desempenho foram efectuados e verificou-se que a percentagem de erro é mínima. Por conseguinte, o protótipo concebido era adequado para utilização numa indústria em que é necessário um contacto humano mínimo para o processo de triagem. A tarefa foi realizada sem a necessidade de mão de obra especializada.

G. M. Trilok, L. Prashanth, e C.G. Ramesh desenvolveram um sistema automatizado que é mostrado na figura 2.2 para segregação de cocos descascados. A conceção de rolos especializados na unidade de separação permite classificar o coco descascado em 3 categorias de tamanho. As categorias de tamanho situam-se entre 90 mm e 110 mm ou mais. Neste projeto, foi concebido um transportador com uma velocidade de rotação de 40 rpm e 2 m de comprimento total. A máquina foi testada e verificou-se que o tempo necessário para separar 20000 cocos foi de 5,28 horas, enquanto o processo anual demora até 12 horas. Concluíram que o sistema aumenta o lucro global do processo. (Trilok, *et al.*, 2020).

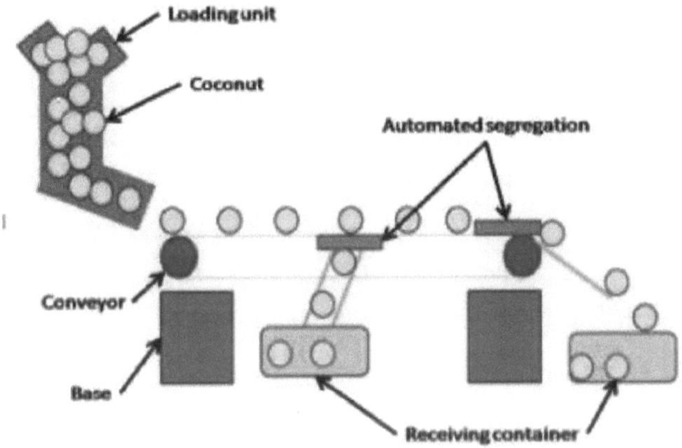

Figura 2.2: **Conceito de transportador de correia para segregação de cocos (Trilok, et al., 2020)**

G. Bahadirov, T. Sultanov, B. Umarov e K. Bakhadirov realizaram um projeto para fabricar uma máquina avançada de seleção de batatas. O projeto é apresentado na figura 2.3. O objetivo do trabalho era aumentar a precisão da seleção de batatas de acordo com as suas dimensões externas, sem danos. Verificou-se que, para atingir 95% de precisão na seleção, a uma velocidade de alimentação do monte de batatas na superfície da correia da máquina de 4,5 kg por segundo, o ângulo entre as correias deve ser de 0,46'26, a velocidade da correia de movimento lento deve ser de 0,4 m/s e a velocidade da segunda deve ser de 0,6 m/s. (Bahadirov, *et al.*, 2020) Uma cópia experimental da máquina de seleção criada foi testada nos campos das quintas da região de Ferghana, na República do Usbequistão. A partir das experiências, verificou-se que a máquina de seleção não altera as suas caraterísticas em quaisquer condições. Tendo assegurado a precisão da máquina de seleção de tubérculos de batata, após a recolha de tubérculos de batata no processo de seleção, devido à poupança de mão de obra na seleção de 10 toneladas de colheita de batata, esta máquina alcançou uma eficiência económica significativa.

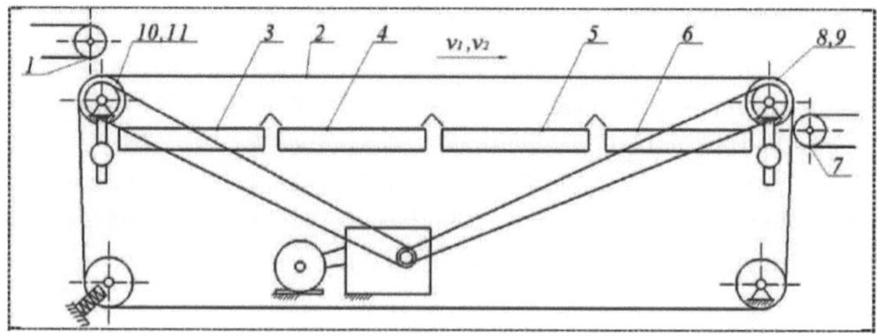

Figura 2.3: **Máquina de seleção de batatas (Bahadirov, et al., 2020)**

CAPÍTULO 03

METODOLOGIA

Era necessário projetar e fabricar uma máquina para uso industrial com baixo consumo de energia para separar os cocos sem casca em três categorias de tamanho e contá-los automaticamente durante a separação para compreender a distribuição entre cada categoria. Foi dada atenção à economia de tempo no processo de seleção e à precisão dos resultados.

A revisão da literatura foi efectuada em primeiro lugar para compreender as tecnologias existentes na indústria para vários produtos que utilizam vários mecanismos de triagem. Através da revisão da literatura, foi possível compreender as limitações dos sistemas existentes e a capacidade ou incapacidade de utilizar esses mecanismos no processo de seleção dos cocos. Os dados foram recolhidos em vários locais do condado, incluindo Dambulla, Polpithigama, Kuliyapitiya, Marawila, Ja Eia, Ratmalana, Katubedda, Galle e Walasmulla. As dimensões dos cocos descascados, bem como os pesos, foram registados nesses locais e os dados foram analisados. Com base nos dados recolhidos e nas informações obtidas junto do Export Development Board (EDB), foram identificadas três categorias principais de tamanho. As três categorias de tamanho para as quais a máquina foi projectada para classificar os cocos são apresentadas abaixo. Verificou-se que o peso médio de um coco descascado é de cerca de 800 g.

- Categoria 1 - Diâmetro de 80 mm a 100 mm
- Categoria 2 - Diâmetro 100 mm a 130 mm
- Categoria 3 - Diâmetro superior a 130 mm

Foram também utilizados questionários para recolher alguns dados úteis dos vendedores de cocos e dos clientes para melhorar o padrão e a utilidade da máquina. Os questionários ajudaram a identificar os modos como os vendedores recebem os cocos, o modo de pagamento, o processo de seleção, a frequência da seleção, o custo da mão de obra e a preferência por uma máquina para realizar o processo. O custo médio da mão de obra para o processo de seleção manual foi utilizado posteriormente para determinar o período de retorno do investimento na máquina.

Considerando quatro projectos principais para a máquina, capazes de separar os cocos de forma fiável, precisa e eficiente, o projeto final foi concluído utilizando o software de modelação 3D SOLIDWORKS. O custo de fabrico foi um dos principais factores considerados durante o projeto e a seleção do projeto mais adequado, uma vez que a utilização de uma máquina deste tipo deve proporcionar vantagens económicas aos utilizadores em relação ao modo de triagem manual. Os componentes necessários foram concebidos e os cálculos de engenharia foram efectuados para selecionar os aspectos de conceção adequados, de modo a proporcionar o melhor desempenho, poupando energia e resistindo a falhas.

3.1. Conceção concetual

A conceção da máquina de seleção de cocos é apresentada na figura 3.1. O mecanismo fundamental de transporte de rolos é aqui utilizado, mas as distâncias centro a centro entre os rolos têm a primeira prioridade no projeto. Isto porque a distância de centro a centro entre os rolos contribui diretamente para a elevada precisão do processo de triagem. O espaçamento entre os rolos é definido de forma a selecionar os cocos de acordo com o seu tamanho. Os espaços foram decididos após a recolha de dados através de questionários e outros métodos para determinar os tamanhos dos cocos descascados. Nas calhas de montagem estão previstas ranhuras onde são colocados os rolamentos para ajustar os accionamentos da corrente quando é necessário apertá-los ou desapertá-los.

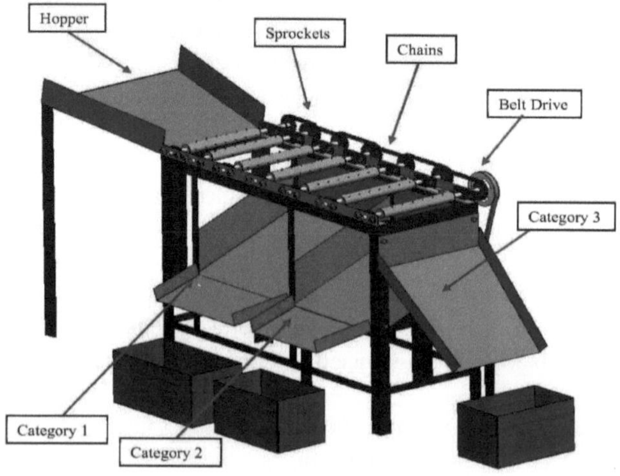

Figura 3.1: **Conceção concetual**

O operador deve levantar e colocar os cocos descascados na tremonha e a inclinação da tremonha direciona os cocos para os rolos que rodam. O primeiro conjunto de rolos destina-se a orientar os cocos e os seguintes a seleccioná-los de acordo com o tamanho. Os cocos são enviados para o rolo seguinte ao longo do transportador e quando a distância entre os rolos é inferior ao diâmetro do coco, os cocos saem através dos rolos do transportador. Os cocos maiores da terceira categoria serão enviados para o fim do transportador e depois para o respetivo cesto. O circuito Arduino com um sensor de infravermelhos e um ecrã LCD é utilizado para indicar o número de cocos que estão a ser classificados em cada categoria. A potência do motor é transmitida aos eixos através de uma transmissão por correia. Isto é para evitar a possibilidade de o motor ficar danificado no caso de os cocos serem atingidos entre os rolos. Todos os componentes que requerem manutenção periódica são montados na máquina utilizando porcas e parafusos, sempre que possível, para garantir a possibilidade de efetuar a manutenção e assegurar o bom funcionamento da máquina.

Os accionamentos por corrente estão cobertos por uma placa de cobertura para proteção contra poeiras e outras contaminações e a máquina está equipada com um interruptor de paragem de emergência perto do operador. O desenho final foi selecionado para o mecanismo de triagem após o estudo de quatro desenhos conceptuais.

3.2. Seleção do motor

Foram tidos em conta vários parâmetros-chave de conceção ao selecionar um motor elétrico para a aplicação. A seleção do motor não depende apenas dos requisitos técnicos, mas também dos requisitos financeiros. Normalmente, os seguintes factores foram verificados antes da seleção do motor.

S Fonte de alimentação de entrada

*   Tensão
*   Frequência
*   Corrente máxima
*   Tipo de controlo

V MotorPerformance

*   Velocidade
*   Ciclo de serviço

V Especificações do motor

*   Tamanho/Peso
*   Esperança de vida

É importante decidir quais os parâmetros do motor que são mais importantes para a aplicação em causa. De acordo com estas considerações de conceção, a potência do motor, a velocidade e o binário tiveram prioridade no processo de seleção. De acordo com a informação recolhida através de inquéritos e outros meios, foi considerado o número médio de cocos que é necessário separar no espaço de uma hora. Por conseguinte, tendo em conta o comprimento total do desenho do transportador, as velocidades disponíveis dos motores, juntamente com os requisitos de potência no mercado e o preço, foi decidida a velocidade de rotação do motor. Para ter um sistema bem sucedido, a base é conhecer bem a aplicação e ter classificações exactas do motor. Para a aplicação, foi selecionado um motor monofásico com as seguintes classificações da Mitsubishi General Motors

*   Potência -   0,4 kW
*   Velocidade   -   75 rpm
*   Fator de serviço-   1.0

3.3. Conceção dos veios

Ao considerar a conceção do veio, há muitos factores que devem ser tidos em conta para conceber o veio na perfeição. A seleção do material é um dos factores mais importantes que irá decidir também muitos outros parâmetros de conceção. Foram utilizados um veio oco e um veio sólido nos rolos do transportador de rolos. Foram utilizados tubos de aço galvanizado para os veios ocos e foram selecionados varões de aço para os veios maciços após a realização dos cálculos de resistência.

São utilizadas duas teorias para explicar as falhas dos veios quando sujeitos a momentos combinados de torção e flexão.

1. Teoria da tensão de cisalhamento máxima

2. Teoria da tensão normal máxima

3.3.1. *Conceção de veios sólidos*

O material do veio sólido foi selecionado com as seguintes propriedades. Foram utilizados varões de aço de baixo carbono (aço macio) com uma percentagem de carbono de 0,15% para os veios devido à sua elevada resistência à tração, elevada resistência ao impacto e boa ductilidade e soldabilidade.

- Resistência ao escoamento   -   250MPa
- Máxima resistência à tração -   440MPa
- Tensão de cisalhamento   -   220MPa

Para um veio sólido circular;

$$J = \pi d^4 / 32 \tag{1}$$

onde,

J - Momento de inércia polar do veio em torno do eixo de rotação (m)^4

Momento de torção do veio;

$_\tau$-P x 60/ (2)

$$T = P \times 60 / 2\pi N \tag{2}$$

onde,

P - Potência transmitida (W)

N - Velocidade do veio (rpm)

O peso da roda dentada foi calculado da seguinte forma, a fim de encontrar a carga que actua no veio sólido devido às rodas dentadas.

$$Peso = Volume \times Densidade \times g$$
$$Peso = \pi \times 0,0625^2 \times 0,003 \times 7500 \times 9,81 = 2,71\ N$$

O Momento de Torção é dado por,

$$T = (T_1 - T_2)R \tag{3}$$

onde,

Ti T$_{j2}$ -Tensão(N)

R - Raio da roda dentada

$$\theta = (180^0 - 2a)\,{}^{\pi}/_{180} = 3.14\,rad$$

$$\frac{T_1}{T_2} = e^{\mu\theta} = e^{(0.3x2.96)} = 2.57$$

$$v = \frac{\pi DN}{60} = \frac{\pi \; x \; 0.125 \; x \; 45}{60} = 0.295 \; m/s$$

$$P = (T_1 - T_2)v$$

$$(T_1 - T_2) = {}^{400}/_{0.295} = 1357.57 \; N$$

$$\therefore T_1 = 2222.26 \; N \quad \& \quad T_2 = 864.69 \; N$$

л A carga total que actua sobre o veio;

$$W = T_i + T_2 = 3086{,}95 \; N$$

Os diagramas de momento fletor foram considerados no cálculo do diâmetro do veio.
O momento fletor máximo foi obtido como 0,252 Nm.

Binário máximo transmitido pelo veio;

$$T = \frac{P \; x \; 60}{2\pi N} = \frac{400 \; x \; 60}{2 \; x \; \pi \; x \; 75} = 50.91 \; Nm$$

De acordo com a teoria da tensão de cisalhamento máxima,

$$\zeta_{max} = \sqrt{{\sigma_b}^2/_4 + \zeta^2} \tag{4}$$

onde,

ζ - Tensão de corte induzida devido ao momento de torção $(Nm^{\wedge})^2$

σ_b - Tensão de flexão induzida devido ao momento fletor $(Nm^{\wedge})^2$

Uma vez que os veios estão sujeitos a cargas flutuantes, foram considerados os factores combinados de fadiga por choque para flexão (K_m) e para torção (K_t).

Para veios rotativos com cargas aplicadas subitamente,

- $K_m = 1{,}5$
- $K_t = 1{,}5$

Então,

$$\zeta_{max} = \frac{16}{\pi d^3}\sqrt{(K_m \times M)^2 + (K_t \times T)^2} \qquad (5)$$

- $\sqrt{(K_m \times M)^2 + (K_t \times T)^2}$ is the Equivalent Twisting Moment (T_e)

Por conseguinte,

$$T_e = \frac{\pi}{16}\zeta d^3 \qquad \Longrightarrow \qquad d = \sqrt[3]{\frac{16 T_e}{\pi \zeta}} \qquad (6)$$

O Momento de Torção Equivalente (T_e) foi calculado utilizando a seguinte equação,

$$T_e = \sqrt{(K_m \times M)^2 + (K_t \times T)^2} = 76.37\,Nm$$

Considerando Fator de Segurança = 2;

$$d = \sqrt[3]{\frac{6 T_e}{\pi \zeta}} = \sqrt[3]{\frac{6 \times 32.52 \times 2}{\pi \times 220 \times 10^6}} = 15.23\,mm$$

De acordo com a teoria da tensão normal máxima,

$$\sigma_{b(max)} = \frac{\sigma_b}{2} + \sqrt{\sigma_b^2/4 + \zeta^2} \qquad (7)$$

$^1\!/_2\,[(K_m \times M) + T_e]$ é o momento fletor equivalente (M)$_e$

$$\sigma_{b(max)} = \frac{32}{\pi d^3} \times \sqrt{1/2\left(K_m \times M + \sqrt{(K_m \times M)^2 + (K_T \times T)^2}\right)}$$

Por conseguinte,

$$M_e = \frac{\pi}{32}\sigma_b d^3 \qquad \Longrightarrow \qquad d = \sqrt[3]{\frac{32 M_e}{\pi \sigma_b}}$$

O momento fletor equivalente (M_e) foi calculado da seguinte forma,

$$M_e = {}^1\!/_2\,[(K_m \times M) + T_e] = 57.46\,Nm$$

Wm Considerando o fator de segurança = 2;

$$d = \sqrt[3]{\frac{32 M_e}{\pi \sigma_b}} = \sqrt[3]{\frac{32 \times 30.05 \times 2}{\pi \times 440 \times 10^6}} = 13.85\,mm$$

O maior diâmetro do veio é obtido como 15,23 mm. Por conseguinte, de acordo com as dimensões normalizadas dos veios, é selecionada a barra de aço de 6 mm de diâmetro.

3.3.2. Conceção do veio oco

O material do eixo oco foi selecionado com as seguintes propriedades. Foram utilizados tubos de aço galvanizado para os veios ocos do design do transportador de rolos devido à sua camada protegida de zinco que resistirá à corrosão precoce dos veios.

- Resistência ao escoamento   -   250MPa
- Resistência à tração final   -   440MPa
- Tensão de cisalhamento   -   220MPa

Considerando que o peso médio de um coco descascado é de 800 g, foi considerada uma carga uniformemente distribuída de 7,85 N na seleção do veio oco.

л A carga total que actua sobre o veio;

$$W = 7,85N$$

Os diagramas de momento fletor foram considerados no cálculo do diâmetro do veio oco. O momento fletor máximo foi encontrado no centro do veio, que era de 0,274 Nm. O binário máximo transmitido pelo veio foi o mesmo que para o veio sólido, que foi de 50,91 Nm. Os métodos da teoria da tensão de corte máxima e da teoria do momento fletor máximo também foram utilizados para o cálculo do diâmetro dos veios ocos.

Para o veio oco,

$$\zeta_{max} = \frac{16}{\pi d_o^{\,3}(1 - k^4)} \sqrt{(K_m \; x \; M)^2 + (K_T \; x \; T)^2} \qquad (8)$$

onde,

do - Diâmetro exterior do veio

к - relação entre o diâmetro interior e o diâmetro exterior do veio

Por conseguinte,

$$T_e = \frac{\pi}{16} \zeta d_0^{\,3}(1 - k^4) \qquad \Longrightarrow \qquad d_o = \sqrt[3]{\frac{16T_e}{\pi \zeta (1 - k^4)}}$$

O momento de torção equivalente (T_e) foi calculado da seguinte forma

$$T_e = \sqrt{(K_m \; x \; M)^2 + (K_T \; x \; T)^2} = 76.37 \; Nm$$

Considerando Fator de Segurança = 2;

$$d_o = \sqrt[3]{\frac{6T_e}{\pi \zeta (1 - k^4)}} = \sqrt[3]{\frac{6 \; x \; 76.37 \; x \; 2}{\pi \; x \; 220 \; x \; 10^6 x (1 - 0.8^4)}} = 13.09 \; mm$$

De acordo com a teoria da tensão normal máxima,

$$\sigma_{b(max)} = \frac{\sigma_b}{2} + \sqrt{\sigma_b^{\,2}/4 + \zeta^2} \qquad (9)$$

Então,

* $^1/_2 \left[(K_m \; x \; M) + T_e \right]$ é o momento fletor equivalente (M)e

$$\sigma_{b(max)} = \frac{32}{\pi d_o{}^3 (1 - k^4)} \; x \; \sqrt{^1/_2 \left(K_m \; x \; M + \sqrt{(K_m \; x \; M)^2 + (K_T \; x \; T)^2} \right)}$$

Por conseguinte,

$$M_e = \frac{\pi}{32} \sigma_b d_o{}^3 (1 - k^4 \qquad \Longrightarrow \qquad d_o = \sqrt[3]{\frac{32 M_e}{\pi \sigma_b (1 - k^4)}}$$

O momento fletor equivalente (M$_e$) para o veio oco foi calculado como,

$$M_e = {}^1/_2 \left[(K_m \; x \; M) + T_e \right] = 57.48 \; Nm$$

Considerando Fator de Segurança = 2;

$$d_o = \sqrt[3]{\frac{32 M_e}{\pi \sigma_b}} = \sqrt[3]{\frac{32 \; x \; 57.49 \; x \; 2}{\pi \; x \; 440 \; x \; 10^6 \; x \; (1 - 0.8^4)}} = 16.52 \; mm$$

O maior diâmetro do veio é obtido como 16,52 mm. Por conseguinte, de acordo com as dimensões padrão dos veios, é selecionado o veio de 20 mm de diâmetro. Foram utilizados tubos de aço galvanizado com os valores calculados que satisfazem os requisitos.

3.4. Conceção das chaves

Nesta conceção, as chavetas são utilizadas para ligar as rodas dentadas e as polias aos veios. A seleção das chavetas depende principalmente dos seguintes factores.

* Estabilidade da ligação
* Potência a transmitir
* Aperto do ajuste

De acordo com as normas IS: 2292 e 2293-1974, são consideradas as proporções padrão da secção transversal da chaveta em relação ao diâmetro do veio.

Devido à potência transmitida pelo veio, a chaveta pode falhar por cisalhamento ou esmagamento. Por conseguinte, foram considerados os comprimentos adequados para a falha por esmagamento e para a falha por corte, tendo sido adotado o valor com maior impacto no projeto.

Considerando o corte da chave;

$$T = l \; x \; w \; x \; \zeta \; x \; {}^d/_2 \qquad\qquad (10)$$

Considerando o esmagamento da chave;

$$T = l \; x \; {}^t/_2 \; x \; \sigma_c \; x \; {}^d/_2 \qquad\qquad (11)$$

onde,

T - Binário transmitido pelo veio (Nm)

l - Comprimento da chave w - Largura da chave

t - Espessura da chave

ζ - Tensão de corte (Pa) σc - Tensão de esmagamento

A partir das proporções padrão da secção transversal das chavetas, para um eixo de 16 mm de diâmetro, a largura e a espessura da chaveta podem ser encontradas como

- w = 6 mm
- t = 6 mm

O comprimento máximo da mola de ajuste não deve exceder 1,5 vezes o diâmetro do veio, de acordo com as normas ISO, para garantir uma boa distribuição da carga ao longo de todo o comprimento da mola de ajuste quando o veio fica torcido ao ser carregado em torção.

Tabela 3.1: Proporção de chaves

Diâmetro do veio (mm) até e incluindo	Secção transversal chave	
	Largura (mm)	Espessura (mm)
6	2	2
8	3	3
10	4	4
12	5	5
17	6	6
22	8	7
30	10	8

O aço macio é utilizado como material para as chaves, com uma tensão de cedência de 440 MPa.

De acordo com a teoria da tensão de cisalhamento máxima;

$$\zeta_{max} = \frac{\sigma_y}{2 \times FS}$$

onde,

σ_y - Tensão de cedência do material FS - Fator de segurança

Fator de segurança = 2;

$$\zeta_{max} = \frac{\sigma_y}{2 \times FS} = \frac{440}{2 \times 2} = 110 \, MPa$$

Binário máximo transmitido pelo veio;

$$T = \frac{\pi}{16} \times \zeta_{max} \times d^3 = \frac{\pi}{16} \times 110 \times 10^6 \times (0.02)^3 = 17.28 \, Nm$$

Considerando a falha devido ao cisalhamento;

$$T = l \; x \; w \; x \; \zeta \; x \; \frac{d}{2} \quad \Longrightarrow \quad l = \frac{2T}{d \; x \; w \; x \; \zeta} \tag{12}$$

$$l = \frac{2 \; x \; 17.28 \; x \; 10^3}{20 \; x \; 6 \; x \; 110} = 26.18 \; mm$$

Considerando a falha devido a esmagamento;

$$T = l \; x \; \frac{t}{2} \; x \; \sigma_c \; x \; \frac{d}{2} \quad \Longrightarrow \quad l = \frac{4T}{d \; x \; t \; x \; \sigma_c} \tag{13}$$

$$l = \frac{4 \; x \; 17.28 \; x \; 10^3}{20 \; x \; 6 \; x \; 220} = 26.19 \; mm$$

Por conseguinte, foram concebidas chavetas com um comprimento de 30 mm, onde as rodas dentadas podem ser fixadas ao veio sólido de 16 mm.

3.5. Análise de encurvadura

A análise de encurvadura foi efectuada na estrutura que suporta todo o sistema. A fórmula de Euler foi utilizada para calcular a carga de encurvadura (W_{cr}). Assumiu-se que o pilar era inicialmente reto e que a carga era aplicada axialmente. A secção transversal do pilar foi assumida como sendo uniforme ao longo do comprimento. Assumiu-se que o material do pilar é perfeitamente elástico e que obedece à lei de Hooke. O \encurtamento do pilar devido à compressão foi negligenciado, uma vez que o seu valor é muito pequeno.

$$W_{cr} = \frac{C\pi^2 EA}{\left({}^{l}\!/\!_{k} \right)^2} \tag{14}$$

onde,

C - Coeficiente de fixação final
E - Módulo de Young
A - Área da secção transversal
l - Comprimento da coluna
κ - Menor raio de giração da secção transversal

$$W_{cr} = \frac{2 \; x \; \pi^2 \; x \; 200 \; x \; 10^9 \; x \; 1.6 \; x \; 10^{-3}}{\left({}^{0.8}\!/\!_{0.015} \right)^2}$$

$$W_{cr} = 2443.87 \; kN$$

3.6. Seleção de rolamentos

Para esta conceção de transportador de rolos, são utilizados rolamentos de contacto para suportar os rolos nas estruturas laterais e são utilizados dois rolamentos para cada rolo. Uma vez que as cargas actuam perpendicularmente ao eixo do veio, são utilizadas chumaceiras radiais.

A vida útil de um rolamento de esferas é limitada pela falha por fadiga nas superfícies das esferas e das pistas. A vida de um rolamento de esferas individual é definida como o número de rotações (ou horas de serviço a uma dada velocidade constante), que o rolamento executa antes de ser observada a primeira evidência de fissura por fadiga nas esferas ou nas pistas. A vida nominal de um grupo de rolamentos de esferas aparentemente idênticos é o número de rotações que 90% dos rolamentos completarão ou excederão antes que apareça a primeira evidência de fissura por fadiga. A capacidade de carga dinâmica de um rolamento é a carga radial em rolamentos radiais que pode ser suportada durante uma vida mínima de um milhão de rotações.

Assumindo que a pista interior está a rodar enquanto a pista exterior está parada;

$$\text{Carga dinâmica equivalente (P)} = XVF_r + YF_a$$

onde,

X,Y- Factores de carga radial e de impulso

F_r - Carga radial

F_a - Carga de impulso

V - Fator de rotação da corrida

Uma vez que a chumaceira está sujeita a uma carga radial pura;

$$P = F_r$$

$$\therefore \; P = 278.51 \text{ N} \tag{15}$$

Vida útil do rolamento;

$$L_{10} = \left(\frac{C}{P}\right)^p$$

onde,

Lio - Vida útil nominal do rolamento (em milhões de rotações)

C - Capacidade de carga dinâmica (N)

p-3para rolamentos de esferas

Por conseguinte, para os rolamentos de esferas;

$$C = P(L_{10})^{1/3}$$

A relação entre a vida em milhões de revoluções e a vida em horas de trabalho;

$$L_{10} = \frac{60n.L_{10h}}{10^6} \tag{16}$$

onde,

Lioh - Vida útil nominal da chumaceira (horas) n - Velocidade de rotação (rpm)

O tempo de funcionamento do rolamento é considerado da seguinte forma.

Número de horas	-	4 por dia
Dias por semana	-	5
Dias por ano		260
Número de anos	-	4

$$\therefore L_{10h} = 6 \times 260 \times 4 = 4160 \text{ hours}$$

$$L_{10} = \frac{60n.\,L_{10h}}{10^6} = \frac{60 \times 75 \times 4160}{10^6} = 18.72 \text{ million revolutions}$$

$$C = P(L_{10})^{1/3} = 278.51 \times (18.72)^{1/3} = 0.739 \; kN$$

Por conseguinte, com base nos cálculos acima referidos, foram selecionados para o projeto rolamentos rígidos de esferas com as seguintes propriedades.

- Número da chumaceira	-	6802 Tipo aberto
- Diâmetro exterior	-	37 mm
- Furo	-	15 mm
- Largura	-	12 mm
. Capacidade dinâmica	-	2,3 kN

3.7. Conceção de accionamentos por corrente

Foram selecionados accionamentos por corrente para transmitir a potência de um eixo para outro no transportador de rolos. A distância centro a centro foi o fator chave considerado na conceção das transmissões por corrente. Devido à elevada eficiência de transmissão em comparação com as transmissões por correia, que tendem a escorregar, e à capacidade de funcionar em condições térmicas e atmosféricas adversas, optou-se por utilizar transmissões por corrente para transmitir a potência no transportador. A capacidade de transmitir potência tanto a distâncias mais curtas como mais longas foi outra vantagem, uma vez que os elos da corrente podem ser facilmente ajustados aos comprimentos necessários, pois o projeto do transportador consiste em seis transmissões por corrente com diferentes distâncias entre centros.

Para manter as velocidades de cada um dos veios no mesmo valor, foram selecionadas rodas dentadas do mesmo tamanho. O tamanho da roda dentada foi selecionado de modo a que o número mínimo de dentes não seja inferior a 17, porque a variação da velocidade cordal é muito provável quando o número de dentes é menor, uma vez que a corrente forma um polígono em torno das rodas dentadas. O processo de conceção foi iniciado com a determinação da relação de velocidade da transmissão por corrente. A relação de velocidade foi mantida em 1 para fazer rodar todos os veios à mesma velocidade.

As correntes de rolos Simplex foram utilizadas no projeto devido à sua maior resistência e simplicidade de construção, de modo que o processo de montagem é muito mais fácil em comparação com as correntes silenciosas. As velocidades permitidas para as rodas dentadas variam consoante o seu passo. De acordo com os valores padrão, o número de dentes da roda dentada motora e da roda dentada movida foi considerado como,

- N.º de dentes na roda dentada de acionamento=31
- N.º de dentes na roda dentada motriz=31

A potência de projeto foi calculada tendo em conta o fator de serviço.

Potência de projeto = Potência nominal x Fator de serviço

Fator de serviço (K_s) = K_1 x K_2 x K_3 onde, Ki - Fator de carga K2 - Fator de lubrificação K3 - Fator de classificação

Considerando uma carga constante na transmissão por corrente, o funcionamento entre 1 e 8 horas por dia e a lubrificação periódica da transmissão por corrente, o fator de carga, o fator de lubrificação e o fator de classificação foram considerados como 1 cada, de acordo com as normas.

$$\therefore K_s = 1$$

Potência de projeto = 400 W

Tendo em conta a potência calculada e a velocidade da roda dentada motriz, foram selecionadas correntes 08B com os seguintes parâmetros normalizados de acordo com as normas indianas (IS: 2403 - 1991).

- Passo (p)=12 ,7 mm
- Diâmetro do rolo (d_1) = 8 ,51 mm
- Largura entre placas interiores (bi) =7 ,75 mm
- Passo transversal (p_1) =13 ,92 mm
- Carga de rutura=17 ,8kW

Quadro 3.2: **Caraterísticas das correntes de rolos**

Cadeia ISO n.º.	Passo (p) mm	Diâmetro do rolo (d_1) mm Máximo	Largura entre placas interiores (b_1) mm Máximo	Passo transversal (p_1) mm	Carga de rotura (kN) Mínimo	
					Simples	Duplex
05B	8	5	3	5.64	4.5	7.8
06B	9.525	6.35	5.72	10.24	8.9	16.9
08B	12.7	8.51	7.75	13.92	17.8	31.1
10B	15.875	10.16	9.65	16.59	22.2	44.5
12B	19.05	12.07	11.68	19.46	28.9	57.8
16B	25.4	15.88	17.02	31.88	42.3	84.5
20B	31.75	19.05	19.56	36.45	64.5	129

Para as correntes de rolos, a resistência à rutura (WB) da corrente pode ser obtida por

$$W_B = 106p^2 \tag{17}$$

$$W_B = 106 \times (12.7)^2 = 17096.74 \text{ N}$$

Considerando a força tangencial de acionamento (FT), a tensão centrífuga na corrente

(Fe) e a tensão na corrente devido à flacidez (Fs), a carga total no lado de acionamento da corrente foi calculada para os dois primeiros rolos com a distância centro a centro de 108 mm.

$$D = p.\operatorname{cosec}\left(^{180}/_T\right) \qquad (18)$$

$$D = (12.7).\operatorname{cosec}\left(^{180}/_{31}\right) \approx 125 \text{ mm}$$

$$v = \frac{\pi DN}{60} = \frac{\pi \times 0.125 \times 75}{60} = 0.4908 \text{ ms}^{-1} \qquad (19)$$

$$F_T = {}^P/_v = {}^{400}/_{0.4908} = 814.99 \text{ N} \qquad (20)$$

$$F_C = mv^2 = 0.058 \times (0.4908)^2 = 0.0139 \text{ N} \qquad (21)$$

$$F_S = k.m.g.x = 2 \times 0.058 \times 9.81 \times 0.108 = 0.123 \text{ N} \qquad (22)$$

onde,

V - Velocidade da corrente

N.º T de dentes na roda dentada motriz

N - Velocidade de rotação da roda dentada

κ - Constante de acordo com a disposição do acionamento por corrente m - Massa da corrente em kg por metro

g - Força gravitacional

x - Distância central entre as rodas dentadas

Em seguida, o fator de segurança foi obtido da seguinte forma

$$\text{Facter of Safety} = \frac{W_B}{W} = \frac{17096.74}{1351.9} = 12.64 \approx 13$$

Dependendo da velocidade da roda dentada motriz e do passo da corrente, há um valor mínimo para o fator de segurança a considerar na conceção dos accionamentos por corrente. De acordo com as normas, o fator de segurança mínimo recomendado para uma corrente de rolos com um passo de 12 a 15 mm é 7. Por conseguinte, o valor calculado para o fator de segurança foi superior ao valor recomendado.

Por conseguinte, o número de elos da corrente para a primeira transmissão por corrente com a distância central de 108 mm entre as duas rodas dentadas foi calculado utilizando a seguinte equação

$$K = \left(\frac{T_1 + T_2}{2}\right) + \frac{2x}{p} + \left(\frac{T_2 - T_1}{2\pi}\right)^2 \frac{p}{x} \qquad (23)$$

onde,

Ti - N.º de dentes na roda dentada pequena

T2 - N.º de dentes da roda dentada grande

Uma vez que a relação de velocidade é um neste projeto, o número de dentes para as rodas dentadas motora e movida é o mesmo.

$$\therefore K = \left(\frac{T_1 + T_2}{2}\right) + \frac{2x}{p}$$

$$K = \left(\frac{31 + 31}{2}\right) + \frac{2 \times 108}{12.7} = 48 \text{ links}$$

Em seguida, o comprimento (L) da cadeia foi calculado como,

$$L = 48 \times 12,7 = 609,7 \text{ mm}$$

3.8. Conceção da transmissão por correia

Para transmitir a potência do motor para os veios rotativos, foram concebidas transmissões por correia em V. Seguem-se alguns factores importantes a considerar na seleção de uma transmissão por correia.

- Velocidade dos veios de acionamento e de transmissão
- Rácio de redução da velocidade
- Potência a transmitir
- Distância entre eixos

Fator de correção (F_a) = 1,0, considerando que a máquina funciona de 0 a 10 horas por dia.

Potência de projeto = F_a x Potência transmitida = 1 x 0,4 = 0,4 kW

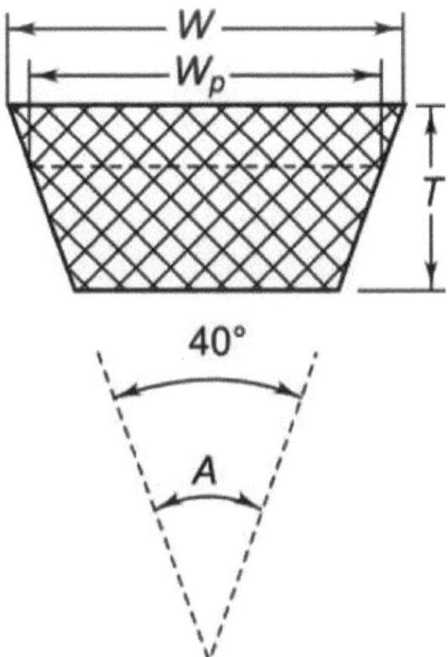

Figura 3.2: **Dimensões da correia trapezoidal**

Para determinar o tipo de secção transversal da correia, o ponto de funcionamento foi obtido como A utilizando o gráfico seguinte apresentado na figura abaixo.

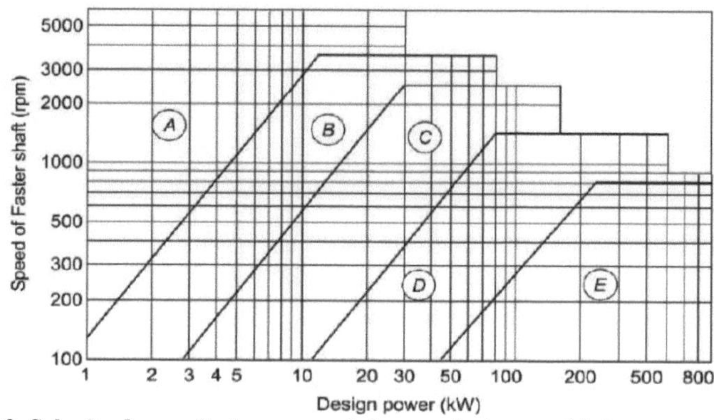

Figura 3.3: **Seleção da secção transversal da correia trapezoidal**

O diâmetro do passo recomendado para a polia motriz é de 125 mm, de acordo com os valores padrão. Tanto a polia motriz como a polia movida devem ter as mesmas dimensões, uma vez que a relação de velocidade é de um.

Os parâmetros padrão para os accionamentos por correia, de acordo com a secção transversal da correia, são apresentados na tabela abaixo.

Tabela 3.3: **Dimensões das secções transversais normalizadas das correias trapezoidais**

Secção da correia	Largura do passo Wp (mm)	Largura nominal W (mm)	Altura nominal T (mm)	Recomendado Diâmetro mínimo do passo da polia (mm)	Diâmetro mínimo admissível do passo da polia (mm)
Z	8.5	10	6	85	50
A	11	13	8	125	75
B	14	17	11	200	125
C	19	22	14	315	200
D	27	32	19	500	355
E	32	38	23	630	500

Para o acionamento por correia aberta, o comprimento do passo da correia foi então calculado como,

$$L = 2C + \frac{\pi(D + d)}{2} + \frac{(D - d)^2}{4C} \qquad (24)$$

onde,

C - Distância entre polias de centro a centro (mm)

$$L = (2 \times 429) + \frac{\pi(125 + 125)}{2} + \frac{(125 - 125)^2}{4 \times 262} = 1250 \ mm$$

Utilizando as tabelas padrão, foi encontrado o fator de correção para o comprimento do passo da correia, o fator de correção para o arco de contacto e a potência nominal.

Fator de correção (F_c) = 0,93

Fator de correção (Fd)= 1

Potência nominal (P_r) = 0,6 kW

O número de correias necessárias para a conceção da transmissão por correia foi obtido da seguinte forma.

$$N = \frac{PF_a}{P_r F_c F_d} = \frac{0.4 \times 1}{0.6 \times 0.93 \times 1} = 0.72 = 1 \ belt$$

Um resumo dos cálculos de conceção dos principais componentes é apresentado no quadro seguinte.

Tabela 3.4: **Resumo dos cálculos de projeto**

Componente	Material	Valor	
Eixo sólido	Aço macio	Diâmetro exterior	16 mm
Eixo oco	Aço galvanizado	Diâmetro exterior	20 mm
		Diâmetro interno	16 mm
Chaves	Aço macio	Largura	8 mm
		Espessura	7 mm

Rolamentos	Rolamento ranhurado de esferas	Capacidade dinâmica	2,3kN
Rodas dentadas	Ferro fundido	N.º de dentes	31
		Pitch	12,7 mm
		Diâmetro exterior	125 mm
Polia	Aço	Diâmetro exterior	125 mm

3.9. Conceção do sistema Arduino

Para obter a contagem dos cocos selecionados, foi concebido e colocado nos colectores um sistema Arduino. O sistema é capaz de contar o número de cocos selecionados em cada categoria de tamanho. Foi utilizado um módulo sensor para detetar o movimento dos cocos selecionados desde o fundo dos rolos do transportador até aos cestos de recolha. O sensor transmite o sinal para a placa Arduino e é fornecido um ecrã perto do operador para visualizar o número de cocos selecionados. Quando os cestos estão completamente cheios, é ativado um alarme com um LED para indicar o sinal aos operadores. Este alarme ajuda o operador da máquina a mudar o cesto ou a tomar as medidas necessárias no passo seguinte. Também é fornecido um botão de reset para reiniciar a contagem no sistema. O software Arduino IDE foi utilizado para criar o código e o software Proteus 8 foi utilizado para simular o código e o circuito antes do fabrico.

Foram utilizados os seguintes componentes principais no sistema Arduino.

- Placa Arduino Mega
- Sensores IR
- LEDs
- Buzinas
- Ecrã LCD

O sistema Arduino foi testado antes de ser fixado no projeto principal.

Figura 3.4: **Teste do sistema Arduino**

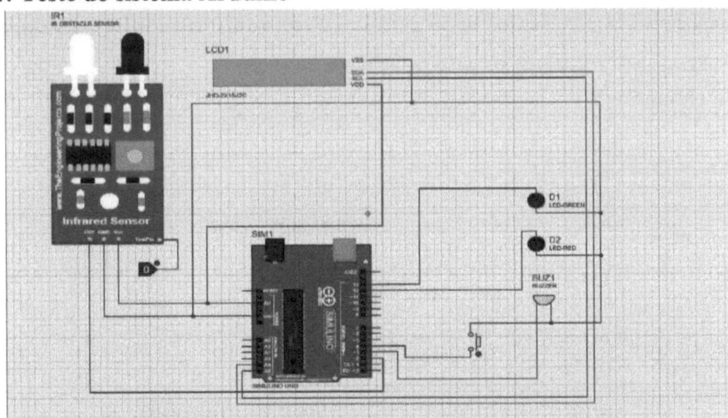

Figura 3.5: **Simulação no software Proteus8**

O código Arduino que foi utilizado na programação do sistema de contagem é apresentado no apêndice 02. O sistema Arduino pode ainda ser desenvolvido para obter o peso dos cocos ordenados e para analisar os resultados de um lote de cocos, considerando o número de cocos que se enquadram em cada categoria.

3.10. Análise de elementos finitos

A análise de elementos finitos foi efectuada nos rolos, na estrutura do transportador e nas rodas dentadas, que são sujeitos a várias condições de carga para garantir a capacidade dos componentes para resistir a falhas. Os modelos 3D, concebidos com o software Solidworks, foram utilizados para a simulação e o estudo estático foi efectuado. As geometrias e a carga foram atribuídas à geometria. Foi criada uma malha para dividir a geometria em elementos mais pequenos para realizar o estudo. Os resultados foram obtidos para as variações de tensão, deformação e deslocamento.

O teste de convergência da malha foi efectuado reduzindo o tamanho do elemento da malha (aumentando o número de elementos na malha) para obter resultados precisos que são independentes da alteração na malha. A variação da tensão, a variação da deformação e a variação do deslocamento foram observadas e as áreas com risco de falha foram identificadas.

Assumiu-se que não há movimento vertical ou horizontal ao longo das linhas quando a corrente e a roda dentada e os veios estão em contacto com as chavetas e as rodas dentadas. Assumiu-se que as forças permanecem constantes com a variação do tempo e que as forças de inércia e de amortecimento devidas a pequenas velocidades e acelerações são negligenciadas. Considerou-se que os materiais obedecem à lei de Hooke e a alteração da rigidez devido ao carregamento foi negligenciada.

3.10.1. *Eixo sólido*

As faces laterais do veio de saída foram fixadas sob dispositivos de fixação. A carga foi aplicada no veio e os resultados foram verificados para garantir que o veio é estável sob flexão.

Tabela 3.5: **Informações sobre a malha para a análise do veio sólido**

Tipo de malha	Malha sólida
Mesher Utilizado:	Malha normal
Pontos Jacobianos para malhas de alta qualidade	16 pontos
Tamanho do elemento	2,32112 mm
Tolerância	0,116056 mm
Qualidade da malha	Elevado
Total de nós	78809
Total de elementos	50971

• A tensão mais elevada de 5,739 kPa foi observada perto do local onde a roda dentada está montada. O veio é seguro, uma vez que a tensão máxima sofrida pelo veio é inferior à tensão de cedência do material.

Figura 3.6: **Variação da tensão do veio sólido**

• A tensão mais elevada de 2,480 x 10^8 foi observada perto da ranhura da chaveta.

• O deslocamento máximo de 0,122 mm foi observado perto da extremidade do eixo onde a roda dentada está fixada.

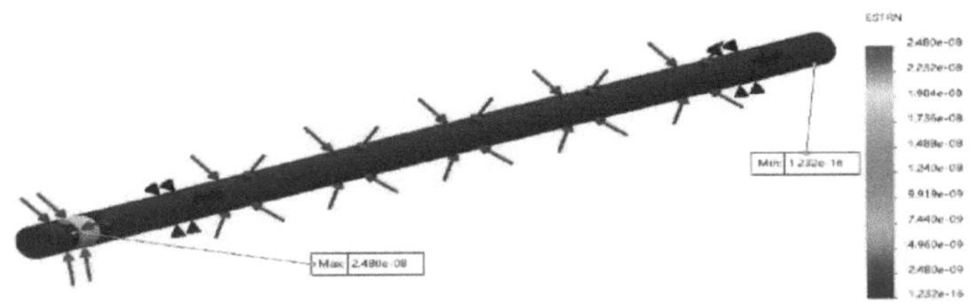

Figura 3.7: **Variação da deformação do veio sólido**

Figura 3.8: **Variação do deslocamento do veio sólido**

3.10.2.   Eixo oco

A informação sobre a malha utilizada na análise do veio oco é apresentada no quadro seguinte.

Tabela 3.6: **Informações sobre a malha para a análise do veio oco**

Tipo de malha	Malha sólida
Mesher Utilizado:	Malha normal
Pontos Jacobianos para malhas de alta qualidade	16 pontos
Tamanho do elemento	2,60769 mm
Tolerância	0,130385 mm
Qualidade da malha	Elevado
Total de nós	67946
Total de elementos	34579

Resultados do estudo;

• A tensão mais elevada de 1,472 MPa foi observada perto do meio do veio. O veio é seguro, uma vez que a tensão máxima sofrida pelo veio é inferior à tensão de cedência do material.

• Foi observado um deslocamento máximo de $4,895 \times 10^{15}$ mm nos espigões.

A tensão mais elevada de $4,192 \times 10^{16}$ foi observada em torno da interface do rolo e do espigão.

As variações de tensão, deformação e deslocamento obtidas na simulação estática do SOLIDWORKS são apresentadas nas figuras abaixo.

31

Figura 3.9: Variação da tensão do veio oco

Figura 3.10: Variação da deformação do veio oco

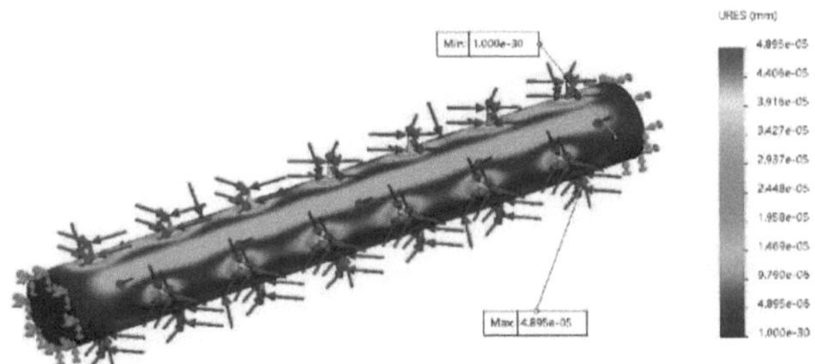

Figura 3.11: **Variação do deslocamento do veio oco**

3.10.3. *Roda dentada*

Foi necessário estudar e garantir que as rodas dentadas são capazes de suportar todas as cargas que actuam sobre elas. Os parâmetros da malha utilizada para a análise da roda dentada são apresentados no quadro seguinte.

Tabela 3.7: **Informações sobre a malha para a análise da roda dentada**

Tipo de malha	Malha sólida
Mesher Utilizado:	Malha normal
Pontos Jacobianos para malhas de alta qualidade	16 pontos
Tamanho do elemento	0,979165 mm
Tolerância	0,0489582 mm
Qualidade da malha	Elevado
Total de nós	82908
Total de elementos	52283

O material da roda dentada foi considerado como ferro fundido cinzento e a carga de 815 N foi aplicada no dente em que o elo da corrente está engrenado. A mesma carga foi aplicada na face da ranhura da chaveta que está em contacto com a chaveta. Resultados do estudo;

• A tensão mais elevada de 414 MPa foi observada na face do dente onde a carga foi aplicada. Além disso, observou-se um aumento da tensão em torno da área em que a chave está em contacto com a roda dentada. O valor máximo da tensão era inferior ao limite de elasticidade do material, que era de 420 MPa. Por conseguinte, o risco de falha foi negligenciado.

• Foi observado um deslocamento máximo de 0,00534 mm na área que está em contacto com a chave.

• A tensão mais elevada, de 0,00306, foi observada na mesma área em que foi observado o deslocamento máximo.

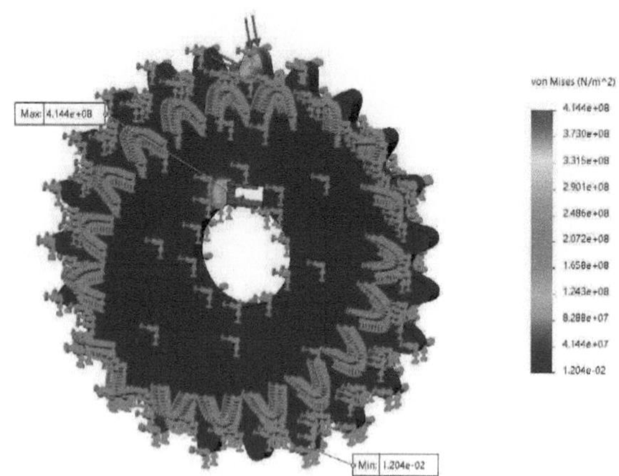

Figura 3.12: Variação da tensão da roda dentada

Figura 3.13: Variação da deformação da roda dentada

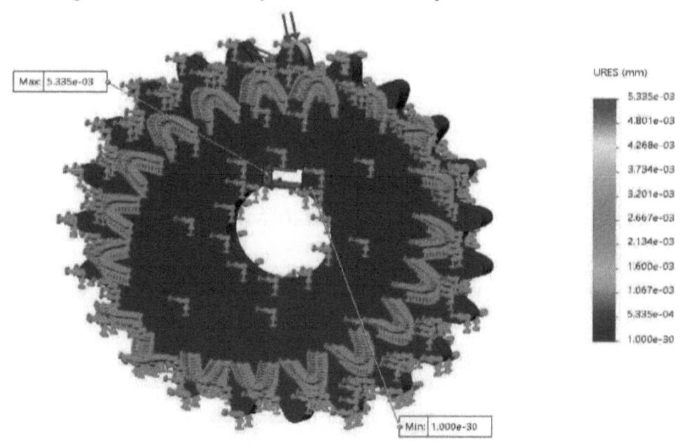

Figura 3.14: Variação do deslocamento da roda dentada

3.10.4.   *Análise de tensões na estrutura*

A estrutura principal foi testada quanto à variação da tensão, do deslocamento e da deformação e os resultados foram estudados para concluir que a estrutura é capaz de resistir às cargas aplicadas. Foi aplicada uma carga total de 200 N na estrutura e a variação foi estudada.

Tabela 3.8: **Informações da malha para a análise do pórtico**

Tipo de malha	Malha sólida
Mesher Utilizado:	Malha normal
Pontos Jacobianos para malhas de alta qualidade	16 pontos
Tamanho do elemento	0,61193 mm
Tolerância	0,0489582 mm
Qualidade da malha	Elevado
Total de nós	1262093
Total de elementos	879280

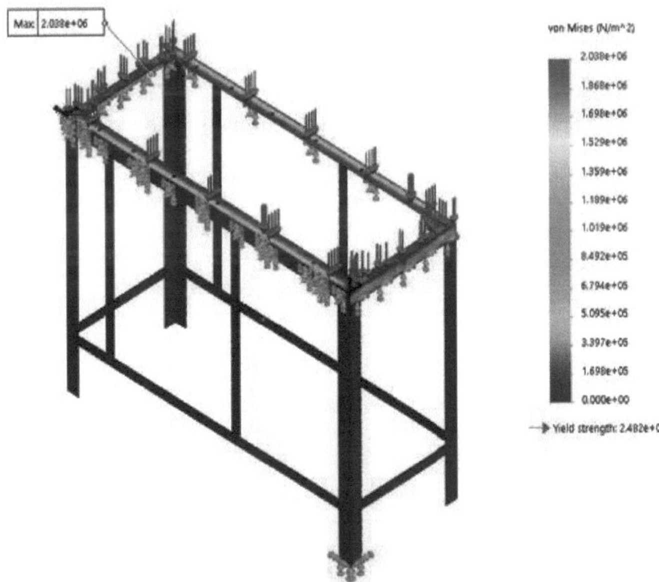

Figura 3.15: **Variação da tensão do pórtico**

• Foi observada uma tensão máxima de 203,8 kPa nas vigas de ferro de ângulo superior da estrutura. Mas o valor estava abaixo dos limites de segurança.

• As variações de deslocamento e deformação também foram estudadas e verificou-se que o pórtico estava em condições de segurança. O deslocamento máximo no pórtico foi de $4,652 \times 10^{13}$ mm e a deformação máxima foi de $3,504 \times 10^{16}$.

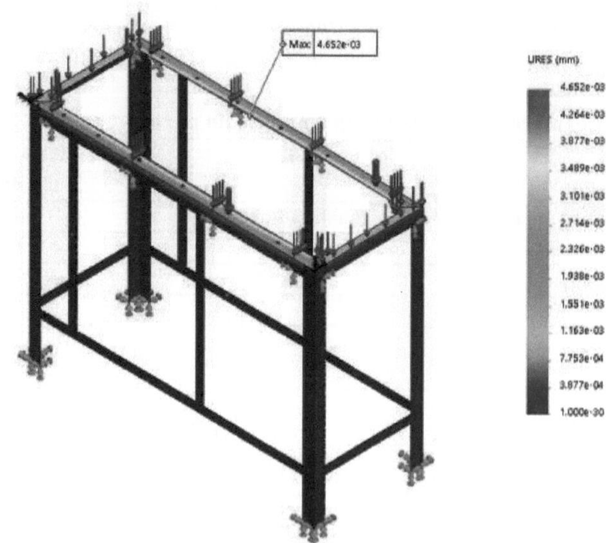

Figura 3.16: **Variação do deslocamento do pórtico**

Figura 3.17: **Variação da deformação do pórtico**

3.10.5. Teste de Convergência de Malha

Para que os resultados obtidos numa análise de elementos finitos sejam exactos, é importante garantir que os resultados convergem para uma solução e são independentes do tamanho da malha. Basta determinar o número de elementos ou o tamanho dos elementos da malha gerada para que os resultados sejam independentes da alteração do tamanho da malha.

Neste estudo, a malha foi iniciada com um tamanho de elemento de 1,1256 mm e foi reduzida até 0,61193 mm em 6 passos. Aqui foi dada a maior prioridade à variação da tensão e, após 6 passos de redução do tamanho do elemento na malha, observou-se que os resultados da tensão convergiram para 203,88 kPa. A criação de malhas é uma das partes mais importantes e que consome mais tempo numa análise de elementos finitos. Devido ao tempo limitado e à potência computacional, a convergência foi efectuada apenas até à primeira casa decimal.

Tabela 3.9: **Resultados do teste de convergência da malha**

Caraterísticas da malha	N.º de elementos	742145	762548	789547	815987	853800	879280
	Tamanho do elemento (mm)	1.1256	0.95478	0.8879	0.7956	0.69365	0.61193
	Total Nós	845789	934568	956874	1054897	1245565	1262093
Resultados	Tensão (kPa)	204.64	204.14	203.91	203.89	203.88	203.88
	Tempo (s)	0:00:36	0:00:28	0:00:34	0:00:35	0:00:40	0:00:48

3.11. Processo de montagem e desmontagem

A máquina de seleção de cocos foi concebida de modo a que a montagem e a desmontagem da máquina possam ser efectuadas por qualquer pessoa não qualificada para efeitos de limpeza e manutenção. Em todos os locais possíveis para montar um componente noutro, foram utilizados parafusos e porcas para permitir ao utilizador retirar e montar facilmente os componentes em caso de limpeza, lubrificação ou substituição. A calha de ferro do ângulo esquerdo que segura os rolos do transportador foi fixada primeiro na estrutura principal com parafusos hexagonais de 10 mm. Os suportes das chumaceiras foram montados na calha, onde estão previstas ranhuras para o ajuste dos suportes. As chumaceiras são então inseridas corretamente no suporte de chumaceiras. O eixo sólido de 16 mm foi inserido através das chumaceiras de um lado e, em seguida, o eixo oco foi colocado no eixo sólido a partir da extremidade livre oposta e ajustado para ficar no centro da estrutura.

O mesmo procedimento foi seguido para montar todos os sete veios sólidos e os veios ocos na calha de ferro angular esquerda. Os suportes das chumaceiras e as chumaceiras foram fixados à calha angular de ferro do lado direito antes de a montar na estrutura principal. Em seguida, as extremidades livres dos sete veios maciços de 16 mm foram fixadas às chumaceiras na barra de ferro angular do lado direito.

O carril foi então montado na estrutura principal com parafusos de 10 mm. As rodas dentadas foram fixadas ao eixo sólido com as chaves e as correntes foram montadas nas rodas dentadas. O motor foi fixado à estrutura principal e a transmissão por correia foi colocada nas polias. O alinhamento correto foi feito na transmissão por correia. Os cestos deslizantes foram então montados na estrutura principal utilizando porcas e parafusos. O sistema Arduino foi devidamente fixado na extremidade do cesto deslizante. As placas de cobertura para os accionamentos por corrente foram então fixadas no respetivo local e a tremonha foi finalmente montada na máquina. O mesmo procedimento inverso pode ser utilizado na desmontagem da máquina para limpeza, lubrificação, reparação ou qualquer outro objetivo de manutenção.

3.12. Manutenção da máquina

Ao longo do tempo de funcionamento, algumas circunstâncias inevitáveis podem interromper o funcionamento. As diferentes condições ambientais, as vibrações, as mudanças inesperadas de carga e as práticas de funcionamento incorrectas podem provocar falhas na máquina. Por conseguinte, é necessário aplicar um procedimento de manutenção específico para garantir a fiabilidade e as condições de funcionamento eficientes da máquina. Com uma manutenção adequada, os custos elevados desnecessários devidos a avarias da máquina podem ser minimizados, aumentando simultaneamente a vida útil do equipamento. Ao aderir às práticas de manutenção adequadas, é possível aumentar não só a segurança da máquina, mas também a segurança dos operadores e do ambiente.

3.12.1. *Ajuste da transmissão por corrente e por correia*

Para obter o desempenho ideal, é muito importante assegurar a tensão e o alinhamento corretos de uma transmissão por correia e do sistema de transmissão por corrente. Devido ao longo período de funcionamento das correntes e correias, verifica-se um aumento do comprimento devido à expansão. Devem ser tomadas as medidas necessárias para ultrapassar estes problemas, caso contrário, a eficiência e a precisão da operação serão reduzidas. Neste projeto, os veios que seguram as transmissões por corrente foram concebidos e montados no suporte de forma a que os veios possam ser movidos em qualquer direção para desapertar ou apertar as correntes sempre que necessário para assegurar as condições de trabalho adequadas, mantendo a relação de velocidade exacta. Os parafusos que fixam o motor à estrutura principal também são dotados de ranhuras para mover o motor de modo a apertar a correia quando necessário.

3.12.2. *Lubrificação*

Para ultrapassar as interrupções, como fricções, falhas, vibrações e ruídos, é necessário escolher os lubrificantes exactos e é muito importante fornecer o processo de lubrificação durante todo o tempo necessário.

Lubrificação do sistema de transmissão por corrente

A lubrificação da transmissão por corrente é um processo fundamental para obter operações de deslizamento suaves, evitando as falhas da roda dentada e das correntes. Uma lubrificação correta reduz os ruídos indesejáveis e a produção de calor. Os lubrificantes evitam a corrosão dos componentes, aumentando assim a sua vida útil.

Geralmente, a vaselina é utilizada como lubrificante inicial para as transmissões por corrente. Na prática, a massa lubrificante não é utilizada para a lubrificação da transmissão por corrente, porque é demasiado espessa para penetrar nas superfícies de junção interna da corrente. As transmissões por corrente são cobertas com a caixa para evitar a contaminação com partículas de pó que podem afetar o desempenho do sistema.

Lubrificação de rolamentos de esferas.

A lubrificação é essencial para o bom funcionamento dos rolamentos de esferas. Geralmente, é utilizado óleo mineral, óleo sintético ou massa lubrificante ligeira para lubrificar os rolamentos. O processo proporciona um funcionamento suave, evitando a produção de calor e as falhas entre as peças rotativas através da redução da fricção. Os lubrificantes resistem à ferrugem e à corrosão que, por sua vez, protegem a superfície da chumaceira dos contaminantes. A poeira é um dos principais factores que reduz o desempenho das chumaceiras. Recomenda-se sempre a limpeza diária dos arredores da máquina para evitar falhas desnecessárias dos componentes.

CAPÍTULO 04

RESULTADOS E DISCUSSÃO

Atualmente, o processo de seleção dos cocos é feito manualmente no Sri Lanka, pelo que era importante ter em conta o custo da máquina que foi concebida. O custo foi tentado manter-se no valor mínimo possível para garantir que a máquina proporciona benefícios económicos aos utilizadores em relação ao modo manual de triagem dos cocos. Os dados recolhidos através de vários métodos, incluindo os questionários aplicados aos empregadores e aos clientes, forneceram informações úteis para decidir os melhores parâmetros de conceção da máquina. O motor da máquina, que era um dos artigos mais dispendiosos, foi cuidadosamente selecionado. Com base nos dados recolhidos, verificou-se que, em média, é necessário separar 450 a 500 cocos numa hora. Por conseguinte, tendo em conta o comprimento total do desenho do transportador, as velocidades disponíveis dos motores, bem como as necessidades de energia no mercado e o preço, a velocidade de rotação do motor foi finalmente calculada em 75 rpm. Durante o processo de teste da máquina, após a conclusão do fabrico, antes de ligar o motor ao sistema, o transportador foi rodado manualmente com uma pega e testado a diferentes velocidades. O objetivo era verificar se os cocos passavam suavemente pelo transportador, pois se os cocos fossem atingidos entre os rolos, o motor poderia ficar danificado. Durante o ensaio, os rolos foram rodados a diferentes velocidades e o tempo foi medido. Verificou-se que a velocidade de 75 rpm era conveniente para o sistema passar os cocos sobre os rolos. No entanto, com os cocos que foram enviados através do transportador, não se obtiveram resultados 100% exactos, como esperado.

Foram efectuados cálculos de projeto de engenharia para cada componente utilizado no projeto para garantir a estabilidade e a capacidade dos componentes para resistir a falhas desnecessárias. A análise de elementos finitos foi efectuada para os principais componentes do projeto e os resultados de tensão, deformação, deslocamento e encurvadura obtidos na FEA foram comparados com os resultados calculados para garantir que os componentes estão dentro dos limites de segurança. O resumo dos resultados obtidos na análise de elementos finitos dos principais componentes do projeto é apresentado na tabela seguinte.

Tabela 4.1: **Resultados da análise de elementos finitos**

Componente	Tensão (MPa)	Estirpe	Deslocamento (mm)
Eixo sólido	5.739×10^{3}	0.0248×10^{6}	0.122
Eixo oco	1.472	4.192×10^{6}	4.895×10^{5}
Roda dentada	414	3.06×10^{3}	5.34×10^{3}
Moldura	0.2038	3.504×10^{6}	4.652×10^{3}

O teste de convergência da malha foi utilizado para concluir que os resultados obtidos na FEA eram exactos e que o tamanho da malha não afectava a exatidão dos resultados. O teste de convergência da malha foi efectuado tendo em conta a tensão nos componentes, que é o fator crucial. O tamanho do elemento foi reduzido, aumentando o número de elementos na malha até os resultados serem independentes do tamanho da malha.

Foi necessário efetuar algumas alterações nos rolos de acordo com os resultados obtidos durante o processo de ensaio e com os erros que não puderam ser detectados durante a conceção da máquina. Foram colocados espigões de 10 mm nos eixos rotativos para levantar os cocos e proporcionar alguma fricção para os deslocar ao longo do transportador. Na prática habitual, para os transportadores que movem mercadorias de um lado para o outro, o conceito é que o item que é enviado no transportador deve estar em contacto com pelo menos três rolos no sistema de transporte. Mas neste projeto, como o principal objetivo era classificar os cocos de acordo com o tamanho enquanto os enviava ao longo do transportador, o conceito acima mencionado não pôde ser cumprido, o que foi uma das razões pelas quais alguns dos cocos foram atingidos entre os rolos. A disposição dos espigões nos rolos, o comprimento dos espigões e o material utilizado para criar os espigões foram alterados em conformidade e testados várias vezes. Os rolos foram cobertos com folhas de borracha para aumentar a fricção entre o rolo e os cocos e a máquina foi novamente testada. Não se verificou que os cocos fossem atingidos entre os rolos, mas o movimento dos cocos de um rolo para outro constituía um problema. Os rolos foram então equipados com placas de ferro planas para levantar os cocos sempre que estes entravam no espaço entre os dois rolos. Este método revelou-se mais eficaz do que as outras concepções utilizadas nos rolos e a triagem foi testada para cocos com dimensões compreendidas entre 90 mm e 140 mm.

Figura 4.1: **Teste com picos**

Figura 4.2: **Ensaio com folha de borracha**

Figura 4.3: **Teste com ferro plano**

O modelo é alimentado por um motor monofásico de 400 W com uma tensão de entrada de 230 V. A máquina está equipada com um botão de paragem de emergência perto do operador para garantir que o operador pode parar subitamente a máquina em caso de observação de algo invulgar durante o funcionamento da máquina. A máquina é mais adequada para utilização em interiores e a longa duração dos componentes pode ser assegurada se for mantida ao abrigo da água. O mesmo sistema Arduino pode ser utilizado para a contagem de cocos nas três categorias. Ajudará o operador a identificar facilmente o número de cocos passados. Também podem ser feitas algumas análises para descobrir a variação dos tamanhos num lote de cocos que chega ao local.

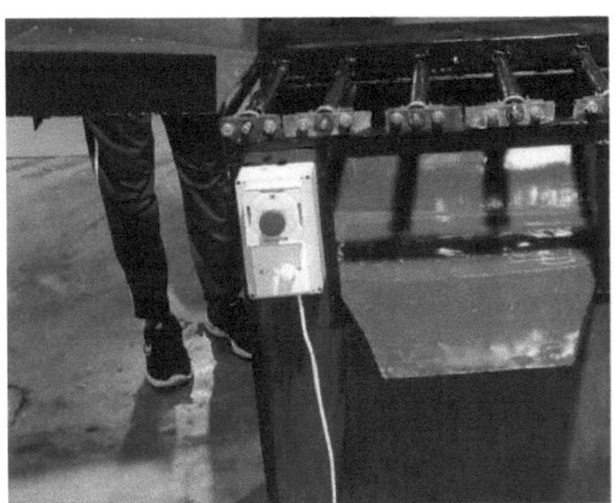
Figura 4.4: **Botão de paragem de emergência**

O motor selecionado tinha o mesmo número de rotações que era necessário para ser acoplado aos veios rotativos. Por conseguinte, não foi necessário reduzir ou aumentar a velocidade. Para garantir a segurança do motor, este não foi acoplado diretamente ao eixo rotativo, mas foi utilizada uma correia de transmissão para transmitir a potência do motor ao rolo. Isto foi feito para garantir que a correia desliza no caso de os rolos baterem e que o motor não fica danificado. Para transmitir a potência de um eixo para outro, foram utilizadas correntes de transmissão, uma vez que as distâncias entre os centros dos rolos devem ser fixadas de acordo com as dimensões dos cocos selecionados. Os comprimentos das correntes podem ser facilmente alterados aumentando ou diminuindo o número de elos da corrente. O custo e o tempo necessário para o fabrico foram tidos em conta na seleção do método mais adequado para transmitir a potência de um rolo para o outro. A transmissão por corrente foi selecionada em vez da transmissão por correia para este processo, uma vez que a utilização de transmissões por correia exige polias de diâmetros diferentes para cada conjunto de dois rolos, uma vez que as distâncias entre os centros dos rolos não podem ser alteradas para cumprir o objetivo principal da máquina e as correias têm comprimentos normalizados.

A máquina foi testada após o fabrico para verificar a precisão da máquina. Verificou-se que a maior precisão era obtida quando os rolos estavam equipados com placas de ferro planas em vez de espigões, que foram concebidos na primeira fase, e com folhas de borracha. A velocidade de rotação dos rolos foi alterada e a máquina foi testada para determinar a melhor velocidade de rotação para selecionar os cocos. Cocos de diferentes categorias de tamanho foram introduzidos na máquina a partir da unidade de alimentação e a triagem foi inspeccionada. A máquina não forneceu resultados totalmente exactos, mas verificou-se que a precisão aumentou significativamente quando a velocidade de rotação foi aumentada de 30 rpm para 75 rpm. O aumento foi interrompido às 75 rpm porque a possibilidade de um coco escorregar para fora da máquina e causar danos na zona circundante é elevada quando a velocidade de rotação é aumentada. O número de cocos inseridos foi registado em cada instante e os cocos selecionados foram avaliados para determinar se o coco foi selecionado na categoria correta. Verificou-se que, em alguns casos, os cocos mais pequenos passam para a categoria de tamanho seguinte sem caírem da secção de triagem adequada. No nosso projeto, apenas fornecemos 3 rolos para cada categoria de tamanho para reduzir o custo da máquina. Com os resultados obtidos, pode concluir-se que o fornecimento de mais rolos para uma única categoria de seleção reduzirá a possibilidade de um coco mais pequeno passar para a categoria seguinte sem cair do respetivo intervalo. O gráfico abaixo mostra a variação da precisão com a alteração da velocidade de rotação dos rolos.

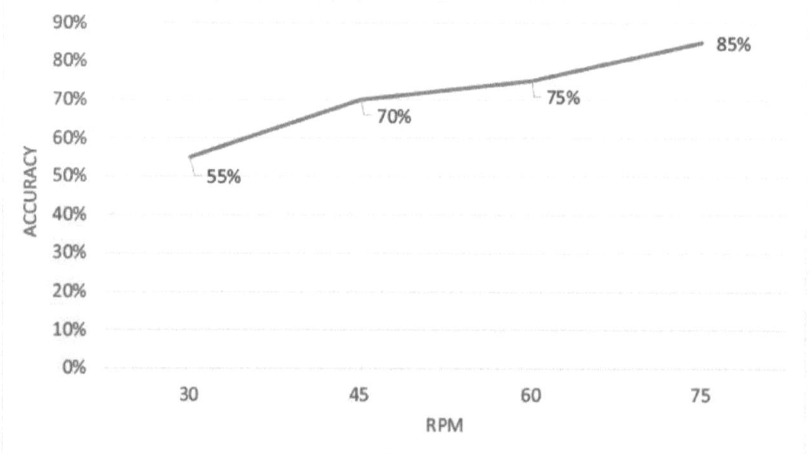

Figura 4.5: **Precisão com a alteração das RPM**

A máquina concebida para o processo de seleção de cocos que utiliza a tecnologia do transportador de rolos tem as seguintes especificações

Tabela 4.2: **Especificações da máquina**

Detalhes da máquina	
Potência	400W
Tensão	230 V
Atual	3A
Velocidade de rotação	75 rpm
Comprimento	1.5 m
Altura	0.82 m

O design leve e compacto da máquina permite ao utilizador deslocar a máquina de um local para outro, de acordo com as necessidades. A disponibilidade dos componentes utilizados na conceção no mercado garante a conveniência na manutenção e reparação da máquina.

CAPÍTULO 05

CONCLUSÃO

A seleção de acordo com o tamanho é uma importante técnica de valor acrescentado para a maioria dos produtos agrícolas. Uma vez que não existe no mercado do Sri Lanka um mecanismo de triagem preciso para o processo de triagem dos cocos descascados, o governo tentou introduzir algumas técnicas de triagem dos cocos que não puderam ser corretamente aplicadas e se revelaram um fracasso total. Esta máquina de seleção fornece um método preciso e eficaz para selecionar os cocos em três categorias de tamanho. O projeto foi modelado no software de modelação 3D SOLIDWORKS e foram realizadas análises de tensões, deformações, deslocamentos e encurvadura para estudar o comportamento dos componentes sob cargas variáveis. Os materiais foram selecionados tendo em conta os cálculos, a análise de tensões, o custo e a disponibilidade no mercado.

A máquina de triagem concebida tem a capacidade de satisfazer a exigência de triagem de 450-500 cocos numa hora e, em comparação com o modo manual, o consumo de tempo e o custo são reduzidos com a máquina. Quando se comparam os custos de mão de obra incorridos na triagem manual dos cocos com os custos de fabrico da máquina, o volume de negócios do investimento deste bem beneficiará economicamente os utilizadores no prazo de seis meses após a instalação inicial da máquina. As dimensões da máquina foram adoptadas de acordo com as necessidades de capacidade do mercado do Sri Lanka. De acordo com as necessidades, o tamanho da máquina pode ser aumentado ou diminuído e o mesmo mecanismo funcionará para processos semelhantes. A máquina concebida é amiga do ambiente, uma vez que não utiliza combustíveis fósseis e não emite gases nocivos para a atmosfera. Não são produzidos bi-produtos durante o funcionamento e o impacto desta máquina no ambiente é mínimo. O operador da máquina não tem de interagir com o processo de seleção depois de os cocos serem introduzidos no transportador através da tremonha e a segurança do operador também é garantida.

O sistema Arduino utilizado na máquina permite obter facilmente a contagem dos cocos selecionados em cada uma das categorias e os dados podem ser utilizados para analisar a distribuição do tamanho de um lote de cocos. O sistema Arduino pode ainda ser desenvolvido para emitir um sinal quando os colectores estão cheios, para medir a massa dos cocos e também para ativar um transportador para mover os cocos classificados dos cestos recolhidos. Devido a considerações de tempo, custo e complexidade da conceção, prevê-se que este projeto se limite apenas ao processo de seleção dos cocos. Além disso, a máquina pode ser combinada com uma máquina de descasque de cocos, em que a classificação e a triagem dos cocos podem ser efectuadas imediatamente após o processo de descasque. Nesta conceção, o processo de alimentação do coco deve ser efectuado por um trabalhador, levantando os cocos e colocando-os na tremonha. Para uma melhor produtividade, o sistema pode ser melhorado para alimentar o coco através de um tapete rolante em vez da tremonha, quando os cocos são colocados perto do tapete no chão.

Esta máquina de seleção fornece um método preciso e eficiente para selecionar os cocos em três categorias de tamanho. Devido à criação de novas oportunidades no mercado aberto num processo competitivo, a melhoria da qualidade e o valor acrescentado dos produtos agrícolas ganharam importância. Sendo o coco uma das principais culturas de exportação do Sri Lanka e detendo uma parte significativa do mercado mundial de produtos de coco, com este projeto pode ser introduzida uma técnica de fixação de preços justos a utilizar nas indústrias de coco em grande escala para selecionar e classificar o coco de forma eficiente e precisa. A nova técnica será benéfica tanto para os empresários como para os consumidores, uma vez que esta máquina de seleção introduzirá um sistema transparente de fixação de preços.

REFERÊNCIAS

- Asha Monicka, A., T. Pandiarajan, A. Brusly Solomon e S. Ganapathy. (2021). Desenvolvimento de classificador de peso para coco descascado. *Engenharia Agrícola Internacional: CIGR Journal,* [online] 23 (3): pp. 220-231. Disponível em: https://www.semanticscholar.org/paper/Development-of-weight-grader-for- dehusked-coconut-Monicka-Pandiarajan/8ddca570c497936cdele49964f0a0167c8588046 [Data de acesso: 20 de janeiro de 2022]

- G, Bahadirov, T, Sultanov' B, Umarov e K, Bakhadirov (2020) Advanced machine for sorting potatoes tubers. *Série de conferências do IOP: Ciência e Engenharia de Materiais.* 883 DOI: 10.1088/1757-899X/883/1/012132 [AccessedDate: 20 de janeiro de 2022]

- Gunathilake, D. M. C. C., Wasala, W. M. C. B., e Palipane, K. B. (2016). Projeto, desenvolvimento e avaliação de uma máquina de classificação de tamanho para cebola. *Procedia Food Science*, 6, pp. 103-107. DOI: 10.1016/j.profoo.2016.02.022 [Data de acesso: 20 de janeiro de 2022]

- M.M. Mufeeth, M.G.Mohamed Thariq e A.A.M.Nufile. (2021). Estimativa da procura de coco no Sri Lanka: An application of almost ideal demand sysytem (AIDS*). Journal of Business Economics* [online] 3(1): pp. 80-87 Availableat   :
https://www.researchgate.net/publication/353982561_ESTIMATION_OF_DE
MAND_FOR_COCONUT_IN_SRI_LANKA_AN_APPLICATION_OF_AL
MOST_IDEAL_DEMAND_SYSTEM_AIDS [Data de acesso: 20 de janeiro de 2022]

- N, Miloradovic ., R, Vujanac e I, Miletic. (2018). Modelagem e cálculo do transportador de rolos motorizado. *Série de conferências IOP: Ciência dos Materiais e Engineering.* 393 DOI: 10.1088/1757-899x/393/1/012037 [AccessedDate: 20 January 2022]

- Pathiraja, P. M. E. K., Griffith, G. R., Farquharson, R. J. e Faggian, R. (2015) A indústria de coco do Sri Lanka: Situação atual e perspectivas futuras num clima em mudança. *Australasian Agribusiness Perspectives* [online] 106: pp. 119. Disponível em: https://www.researchgate.net/publication/291832058 [Data de acesso: 20 de janeiro de 2022]

- S. Wayu e T. Atsbha (2019). Avaliação do rendimento da matéria seca, componentes do rendimento e valor nutritivo de cultivares selecionadas de alfafa (Medicago sativa L.) cultivadas em Lowland Raya Valley, Norte da Etiópia. *Jornal Africano de Investigação Agrícola.* 14(15): pp. 705-711. DOI: 10.5897/AJAR2018.13819 [Data de acesso: 20 de janeiro de 2022]

- T. G. Mylar, Prashanth. L. e Ramesh. C. G. (2020). Projeto de sistema automatizado para segregação de coco. *Jornal Internacional de Avanços em Engenharia e Gestão.* 2(4): pp. 806-815 DOI: 10.35629/52520204806815 [Data de acesso: 20 de janeiro de 2022]

- V. K. Behere, S. J. Maniyar, S. G. Mohale e P. Balkrishna (2019) Onion

separation machine by grading, [em linha] 5(7), pp. 264-267. [Data de acesso: 20 de janeiro de 2022]
Fontes de imagem
[Il]: Conselho de Desenvolvimento das Exportações do Sri Lanka

APÊNDICE 01 - DESENHOS TÉCNICOS

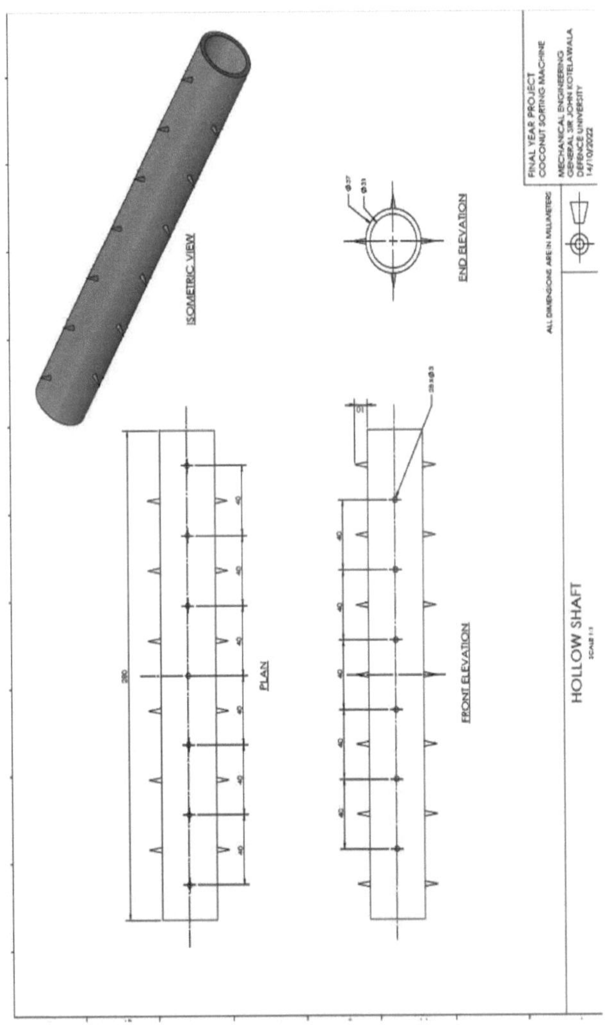

Figura A.1.1: **Dimensões do veio oco**

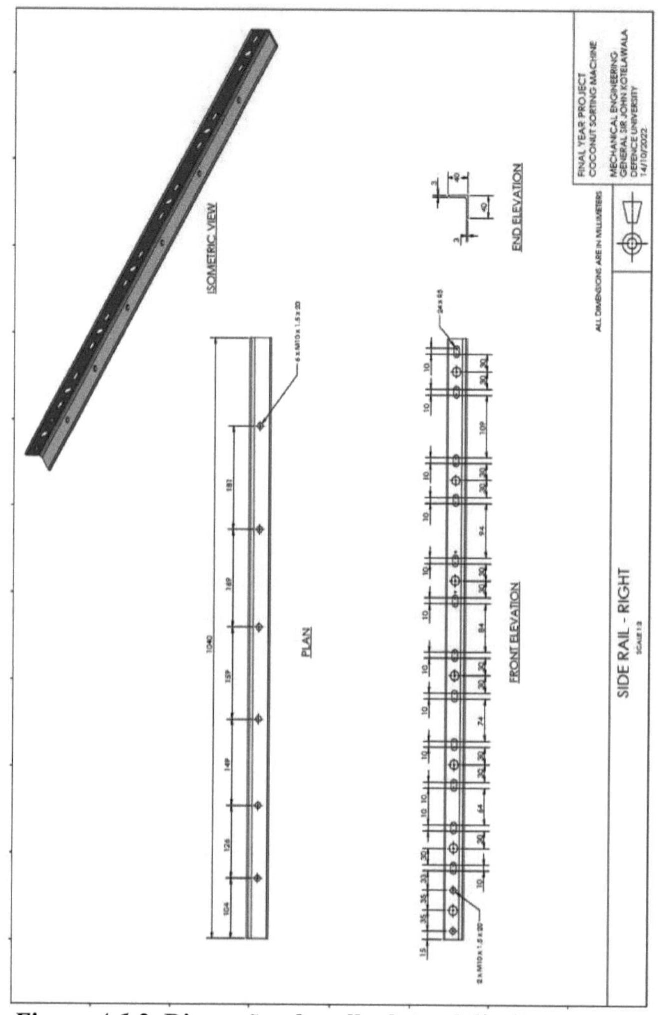

Figura A.1.2: **Dimensões da calha lateral direita**

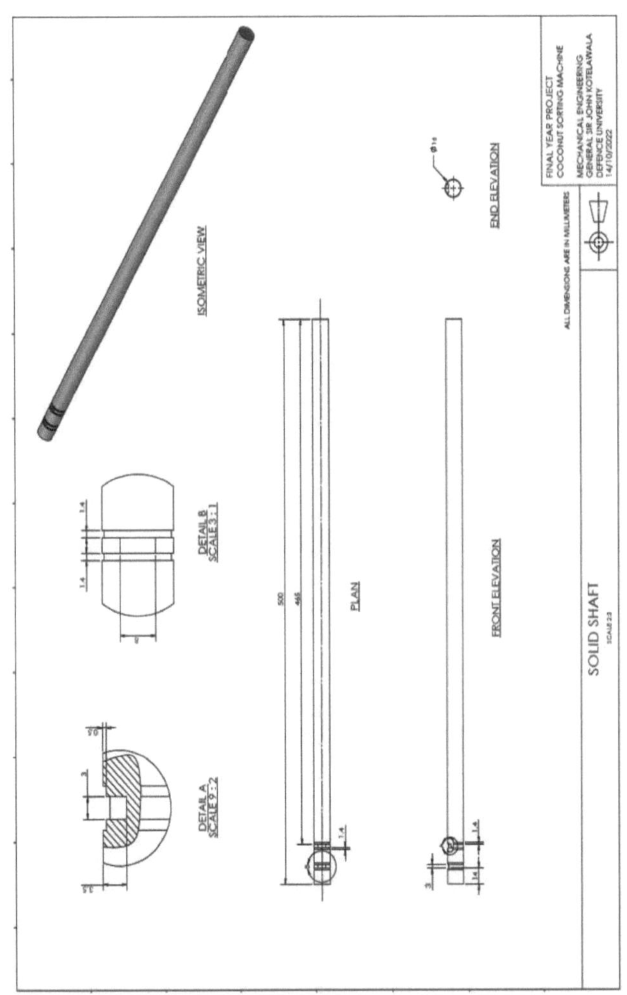

Figura A.1.3: **Dimensões do veio maciço**

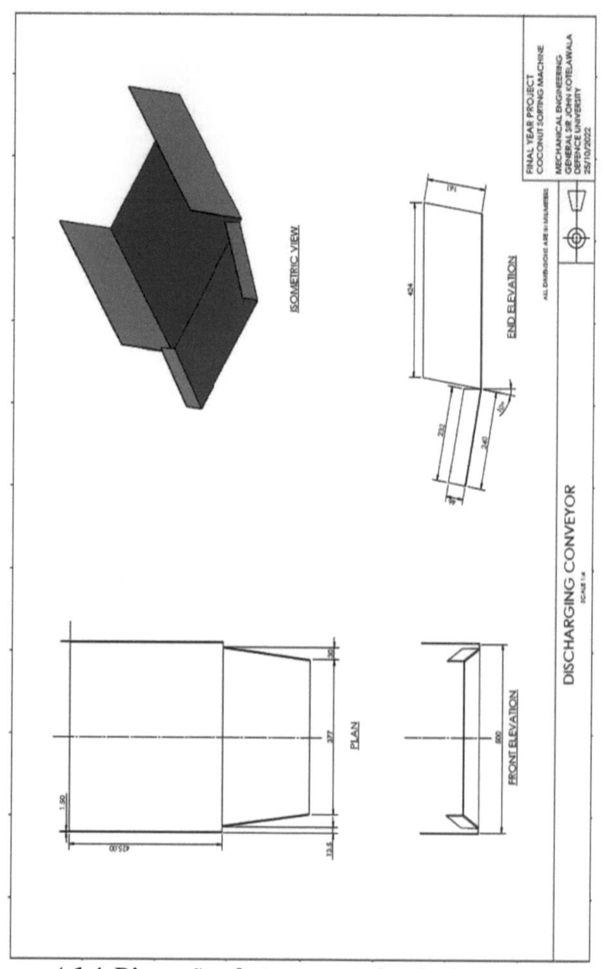

Figura A.1.4: **Dimensões do transportador de descarga**

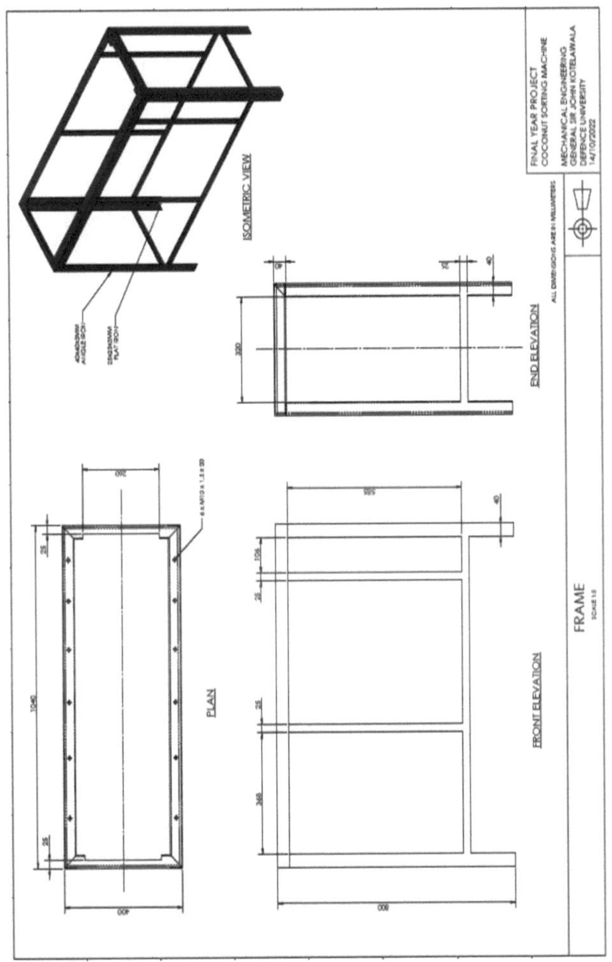

Figura A.1.5: Molduras

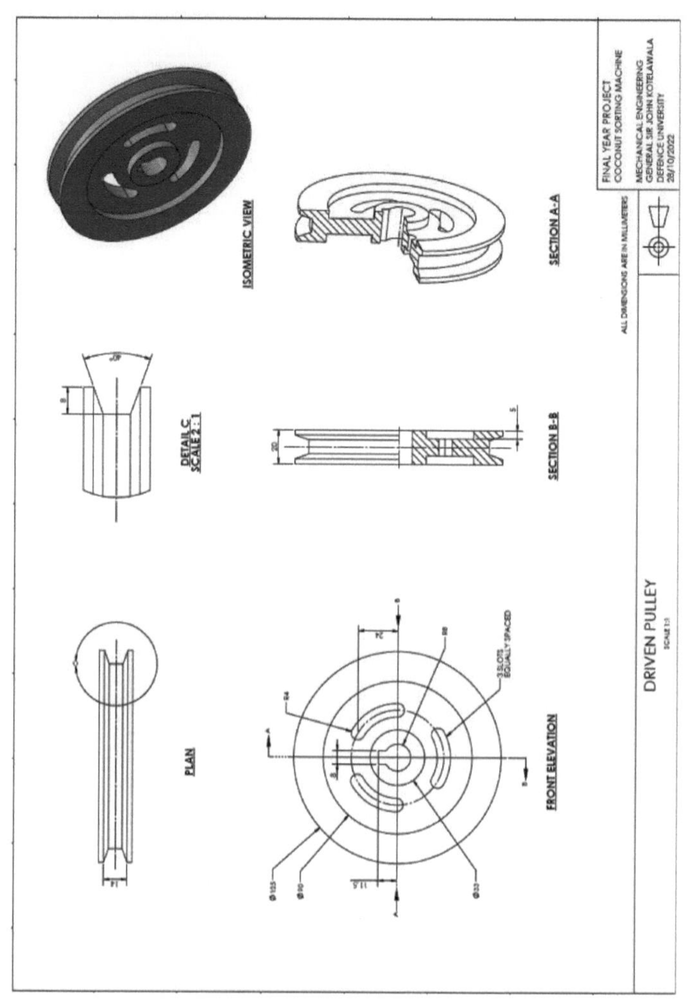

Figura A.0.1.6: **Dimensões da polia acionada**

54

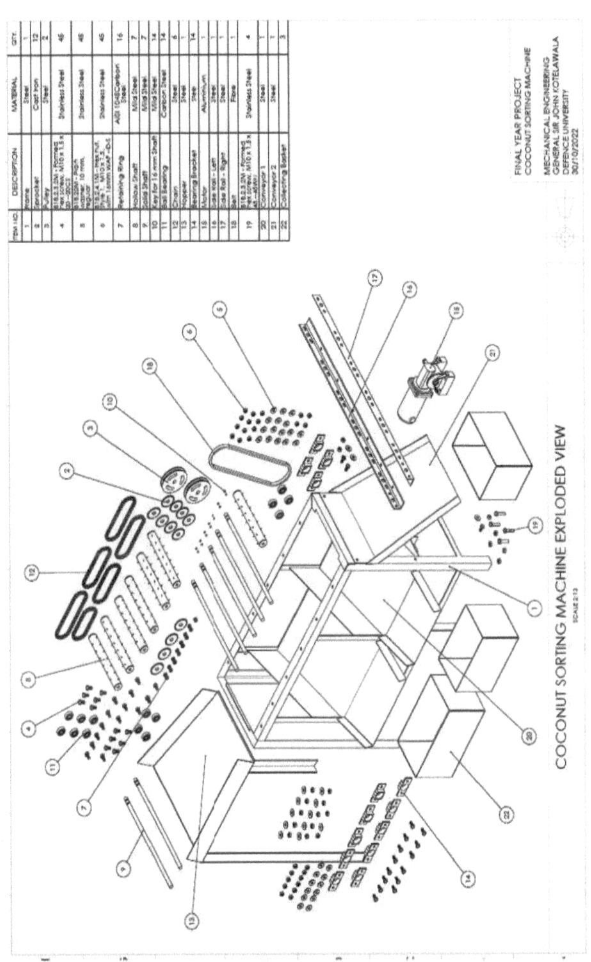

Figura A.1.7: **Vista explodida**

Apêndice 02 - Códigos

O código Arduino que foi utilizado no sistema Arduino para contar o número de cocos é apresentado abaixo.

```
#include <LiquidCrystal_I2C.h>
LiquidCrystal~I2C led (0x27, 16, 2);
int IRPin = 2;
int buzzerPin = 3;
int buttonPin = 4;
intLedPinl3 = 13;
int LedPinl2 = 12;
int n = 0;
int oldValue = 1;
void setup() {
lcd.init();
lcd.backlight();
pinMode(IRPin, INPUT);
pinMode(buttonPin, INPUT~PULLUP);
pinMode(buzzerPin, OUTPUT);
pinMode(LedPinl3, OUTPUT);
pinMode(LedPinl2, OUTPUT);
}
void loop() {
lcd,setCursor(0,0);
lcd.print("N.º de cocos:");
se(digitalRead(IRPin)==O && OldValue==I) {
oldValue=0;
contar();
} else if (digitalRead(IRPin)==l && OldValue==O) { oldValue=l;
}
Se (digitalRead(buttonPin)==0){
Repor();
}
atraso(100);
se(n>10){
digitalWrite(LedPinl2, HIGH);
atraso(50);
digitalWrite(LedPinl2, LOW);
atraso(50);
}
}
void count() {
n=n+l;
```

```
lcd,setCursor(0,l);
lcd.print(n);
digitalWrite(buzzerPin, HIGH);
atraso(100);
digitalWrite(LedPinl3, HIGH);
atraso(100);
digitalWrite(LedPinl2,L0W);
se(n>10){
digitalWrite(buzzerPin,HIGH); digitalWrite(LedPinl3,L0W ); delay(100);
digitalWrite(LedPinl2, HIGH); }
senão{
digitalWrite(buzzerPin,LOW);   digitalWrite(LedPinl3,LOW);   digitalWrite(LedPinl2,
LOW);
}
}
void Reset(){
n=0;
lcd.clear();
lcd,setCursor(0,l);
lcd.print(n);
se(n=0){
digitalWrite(buzzerPin,LOW);                    digitalWrite(LedPinl3,LOW);
digitalWrite(LedPinl2,LOW);
}
}
```

Printed by Books on Demand GmbH, Norderstedt / Germany